焊接

HANJIE
CHANGJIAN
QUEXIAN
JI CHULI

常见缺陷处理

张应立　主编

U0389705

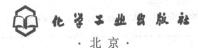化学工业出版社

·北京·

本书在介绍焊接缺欠与缺陷基本知识的基础上，较全面地阐述了焊接缺陷的检验方法及返修，焊接缺陷的特征、产生原因及预防措施，各类焊接方法易产生的焊接缺陷及预防措施等知识，同时对焊接应力与变形的控制及矫正做了扼要介绍。

本书内容实用，图文并茂，通俗易懂，可作为焊工、焊接质量管理人员的工具书，同时也可供职业院校相关专业的师生阅读、参考。

图书在版编目（CIP）数据

焊接常见缺陷及处理/张应立主编. —北京：
化学工业出版社，2018.5（2025.3重印）
ISBN 978-7-122-31819-0

Ⅰ.①焊… Ⅱ.①张… Ⅲ.①焊接缺陷-研究
Ⅳ.①TG441.7

中国版本图书馆 CIP 数据核字（2018）第 058352 号

责任编辑：曾　越　　　　　　　　　文字编辑：陈　喆
责任校对：吴　静　　　　　　　　　装帧设计：王晓宇

出版发行：化学工业出版社（北京市东城区青年湖南街13号　邮政编码100011）
印　　装：北京盛通数码印刷有限公司
880mm×1230mm　1/32　印张6½　字数188千字
2025 年 3 月北京第 1 版第 10 次印刷

购书咨询：010-64518888　　　　　　　售后服务：010-64518899
网　　址：http://www.cip.com.cn
凡购买本书，如有缺损质量问题，本社销售中心负责调换。

定　　价：39.00元

前言
PREFACE

　　焊接质量是保证机械产品质量的重要因素，如果焊接产品存在焊接缺陷，焊接质量达不到标准规定的要求，将导致机械产品质量的下降，甚至造成严重的质量事故，如压力容器、起重机械、船舶等的制造一旦发生事故，不但给国家财产造成极大损失，还可能对人身安全造成严重威胁。因此焊接质量必须引起焊接生产企业的高度重视。

　　保证焊接质量的因素是多方面的，其关键在于加强对焊接技术人才的培养，不断提高他们对焊接缺陷预防措施、检验与排除焊接缺陷的技术水平。为此我们编写了《焊接常见缺陷及处理》一书，旨在帮助读者快速掌握处理焊接缺陷的实用技能。本书内容涉及焊接缺欠与缺陷基本知识，焊接缺陷的检验及返修，焊接缺陷的特征、产生原因及预防措施，各类焊接方法易产生的焊接缺陷及预防措施等，同时对焊接应力与变形的控制及矫正做了扼要介绍。本书强调针对性和实用性，注重实践和综合性技术知识的结合，相信可以为广大焊工、焊接管理人员、检验人员、焊接相关专业的师生提供帮助。

　　本书由张应立主编，参加编写的还有周玉华、张峥、吴兴惠、周玉良、文玉鎏、周玥、刘军、耿敏、周琳、张莉、王美玲、黄清亚、梁润琴、王正常、贾晓娟、陈洁、张军国、黄德轩、王登霞、张宝春、王祥明，全书由高级工程师张梅审定。在编写过程中曾得到质量监督管理部门和贵州路桥工程有限公司的领导和专家的大力支持与帮助，特向他们表示衷心感谢。

　　由于作者水平有限，书中不足之处在所难免，恳请专家和读者提出批评意见和建议。

编　者

目 录
CONTENTS

第三章 焊接缺陷特征及预防措施 /113

第四章 各类焊接方法常见缺陷及预防措施 /121

第一章

焊接缺欠与缺陷

焊接结构在制作过程中受各种因素的影响，不可避免地产生焊接缺欠，它的存在不同程度上影响到产品的质量和安全使用。焊接检验是把焊件上产生的各种缺欠检查出来，并按有关标准对它进行评定，以决定对缺欠的处理。

第一节　焊接缺欠与焊接缺陷

一、焊接缺欠与焊接缺陷的定义

缺欠与缺陷本无原则区别，均表征产品不完整或有缺损。但对于焊接结构而言，基于合于使用准则，有必要对缺欠和缺陷赋予不同的含义。

（1）焊接缺欠

广义的焊接缺陷是指焊接接头中的不连续性、不均匀性以及其他不完整性，专业术语为焊接缺欠。焊接缺欠的存在使焊接接头的质量下降，性能变差。

（2）焊接缺陷

国际标准 ISO 6520 中将缺陷定义为"不可接受的缺欠"，即不符合焊接产品使用性能要求的焊接缺欠，称焊接缺陷。也就是说，焊接缺陷是属于焊接缺欠中不可接受的那一种缺欠，该缺欠必须经过修补处理才能使用，否则就是废品。

（3）焊接缺陷的判别

判别焊接缺陷的标准是焊接缺欠的容限。国际焊接学会（IIW）第 V 委员会从质量管理角度提出了两个质量标准 Q_A 和 Q_B，如图 1-1

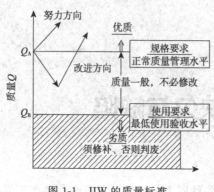

图 1-1 IIW 的质量标准

所示。Q_A是用于正常质量管理的质量水平，它是生产厂家努力的目标，必须按Q_A进行管理生产。Q_A也是用户的期望标准。Q_B是根据合于使用准则确定出的反映缺欠容限的最低质量水平。只要产品质量不低于Q_B水平，该产品即使有缺欠，也能满足使用要求，不必返修就可投入使用。如果产品质量达不到Q_B水平要求，则使其不符合使用性能要求的缺欠，称为焊接缺陷。具有焊接缺陷的产品只能经修补处理后才能使用，否则报废。

这样，达不到Q_A标准的焊接产品便是有焊接缺欠的产品，达不到Q_B标准的焊接产品为有焊接缺陷的产品；处于Q_A和Q_B标准之间的产品就属于虽有缺欠但可使用的一般质量的产品。这里Q_B的质量水平便成为产品验收的最低标准。

二、焊接缺欠与焊接缺陷的关系

焊接缺欠是绝对的，它表明焊接接头中客观存在的某种间断或非完整性。而焊接缺陷是相对的，同一类型、同一尺寸的焊接缺欠，出现在制造要求高的产品中，可能被认为是焊接缺陷，必须返修合格；出现在制造要求低的产品中，可能被认为是可接受的、合格的焊接缺欠，不需要返修。因此，判别焊接缺欠是不是焊接缺陷的准则是产品相应的法规、标准和制造技术条件，即按有关标准对焊接缺欠进行评定。在这些法规、标准和制造技术条件中，根据焊接产品使用性能，从焊接质量、可靠性和经济性之间的平衡综合考虑，规定什么焊接缺欠相对本制造技术条件的产品是可接受的，什么焊接缺欠是对产品运行构成威胁的、不可接受的焊接缺陷。

例如，0.4mm 深度的咬边，如果出现在"不允许有任何咬边存在"的高压容器焊接接头中，可判断为焊接缺陷；如果出现在技术条件规定"咬边深度不得超过 0.5mm"的普通容器焊接接头中，则被认为是可以接受的焊接缺欠，不是焊接缺陷。

必须指出，焊接缺陷对每一结构，甚至每一结构中的每一构件都不相同，通常由测试、计算和相关判据才能确定。

第二节　焊接缺欠的分类

焊接缺欠有以下几种不同的分类方法。

（1）按缺欠的形态分类

按缺欠的几何形态划分，可将焊接缺欠分为平面型缺欠和体积型缺欠。平面型缺欠的特征是缺欠在某一空间方向上的尺寸很小（如裂纹和未熔合）；体积型缺欠的特征是缺欠在空间 3 个方向上的尺寸较大（如气孔和夹渣）。

（2）按缺欠出现的位置分类

按缺欠出现的位置划分，可将焊接缺欠分为表面缺欠和内部缺欠。表面缺欠用外观或表面无损检测方法便可发现；内部缺欠只有用解剖、金相或内部无损检测方法才能发现。表面缺欠和内部缺欠举例如表 1-1 所示。

表 1-1　表面缺欠和内部缺欠举例

缺欠类别	缺欠举例
表面缺欠	①坡口形状或装配等不合要求 ②焊缝形状、尺寸不合要求，工件变形 ③咬边、表面气孔、夹渣、裂纹等
内部缺欠	①焊缝或接头内部的各种缺欠，如气孔、夹杂物、裂纹、未熔合等 ②焊缝或接头内出现偏析、显微组织不合要求等

（3）按缺欠的尺寸分类

按缺欠尺寸的大小划分，可将焊接缺欠分为宏观缺欠和微观缺欠。用目测或放大镜便可发现的焊接缺欠称为宏观缺欠；在金相显微镜下才能看到的缺欠称为微观缺欠。

（4）按缺欠的性质分类

焊接接头中存在的缺欠，按其性质基本上可归纳为以下 3 类。

①焊缝形状与尺寸缺欠。这类缺欠可以通过外观和尺寸测量检查发现，并可用补焊修磨方法消除。

②焊接工艺性缺欠。此类缺欠包括裂纹、未熔合、未焊透、气孔及夹渣等。它们可通过无损检测方法发现，并可用局部返修补焊方法消除。

③接头性能缺欠。焊接接头的力学性能或物理化学性能不符合要求的称为接头性能缺欠。性能缺欠不能通过局部返修的方法消除，只有通过选择合适的焊接材料，采用合理的焊接工艺并辅以其他加工工艺（如热处理工艺）才能消除。

第三节　焊接缺欠代号

根据 GB/T 6417.1—2005 和 GB/T 6417.2—2005 的规定，熔焊和压焊的焊接缺欠可根据其性质、特征分为 6 个种类，包括裂纹、孔穴、固体夹杂、未熔合、形状和尺寸不良、其他缺欠。每种缺欠又可根据其位置和状态进行分类，为了便于使用，一般应采用缺欠代号表示各种焊接缺欠。

一、金属熔焊焊接缺欠

熔焊接头各种常见焊接缺欠的代号、分类、说明及示意图见表1-2。

表 1-2　熔焊接头各类焊接缺欠的代号、分类、说明及示意图
（摘自 GB/T 6417.1—2005）

代号	名称及说明	示　意　图	代号	名称及说明	示　意　图
第 1 类　裂纹			101	纵向裂纹	
100	裂纹 一种在固态下由局部断裂产生的缺欠，它可能源于冷却或应力效果			基本与焊缝轴线相平行的裂纹。它可能位于：	
			1011	焊缝金属中	
			1012	熔合线上	
1001	微观裂纹 在显微镜下才能观察到的裂纹		1013 1014	热影响区中 母材中	

代号	名称及说明	示 意 图	代号	名称及说明	示 意 图
102	**横向裂纹** 基本与焊缝轴线相垂直的裂纹。它可能位于：	1024 1021 1023	106	**枝状裂纹** 源于同一裂纹并连在一起的裂纹群，它和间断裂纹群（105）及放射状裂纹（103）明显不同。枝状裂纹可能位于：	1064 1061 1063
1021	焊缝金属中				
1023	热影响区中				
1024	母材中		1061	焊缝金属中	
103	**放射状裂纹** 具有某一公共点的放射状裂纹。它可能位于：	1034 1031 1033	1063	热影响区中	
			1064	母材中	
1031	焊缝金属中			**第2类 孔穴**	
1033	热影响区中		200	孔穴	
1034	母材中 注：这种类型的小裂纹被称为"星形裂纹"		201	**气孔** 残留气体形成的孔穴	
104	**弧坑裂纹** 在焊缝弧坑处的裂纹。可能是：	1045 1046 1047	2011	**球形气孔** 近似球形的孔穴	2011
1045	纵向的				
1046	横向的				
1047	放射状的（星形裂纹）		2012	**均匀气孔** 均匀分布在整个焊缝金属中的一些气孔；有别于链状气孔（2014）和局部密集气孔（2013）	2012
105	**间断裂纹群** 一群在任意方向间断分布的裂纹。可能位于：	1054 1051 1053			
1051	焊缝金属中		2013	**局部密集气孔** 呈任意几何分布的一群气孔	2013
1053	热影响区中				
1054	母材中				

代号	名称及说明	示意图	代号	名称及说明	示意图
2014	链状气孔 与焊缝轴线平行的一串气孔	2014	2024	弧坑缩孔 焊道末端的凹陷孔穴，未能被后续焊道消除	2024 2024
2015	条形气孔 长度与焊缝轴线平行的非球形长气孔	2015	2025*	末端弧坑缩孔 减少焊缝截面的外露缩孔	2025
2016	虫形气孔 因气体逸出而在焊缝金属中产生的一种管状气孔穴。其形状和位置由凝固方式和气体的来源所决定。通常这种气孔成串聚集并呈鲱骨形状。有些虫形气孔可能暴露在焊缝表面上	2016 2016	203*	微型缩孔 仅在显微镜下可以观察到的缩孔	
			2031*	微型结晶缩孔 冷却过程中沿晶界在树枝晶之间形成的长形缩孔	
2017	表面气孔 暴露在焊缝表面的气孔	2017	2032*	微型穿晶缩孔 凝固时穿过晶界形成的长形缩孔	
202	缩孔 由于凝固时收缩造成的孔穴		第3类　固体夹杂		
			300	固体夹杂 在焊缝金属中残留的固体杂物	
2021	结晶缩孔 冷却过程中在树枝晶之间形成的长形收缩孔，可能残留有气体。这种缺欠通常可在焊缝表面的垂直处发现	2021	301 3011 3012 3014*	夹渣 残留在焊缝金属中的熔渣。根据其形成的情况，这些夹渣可能是： 线状的 孤立的 成簇的	3011 3012 3014

代号	名称及说明	示意图	代号	名称及说明	示意图
302	焊剂夹渣 残留在焊缝金属中的焊剂渣。根据其形成的情况，这些夹渣可能是：	参见3011~3014		第4类 未熔合及未焊透	
3021	线状的		401	未熔合 焊缝金属和母材或焊缝金属各焊层之间未结合的部分。可能是如下某种形式：	 4011 4012 4012 4012 4013
3022	孤立的		4011	侧壁未熔合	
3024*	成簇的		4012	焊道间未熔合	
			4013	根部未熔合	4013
303	氧化物夹杂 凝固时残留在焊缝金属中的金属氧化物。这种夹杂可能是：	参见3011~3014	402	未焊透 实际熔深与公称熔深之间的差异	 a—实际熔深； b—公称熔深
3031*	线状的				
3032*	孤立的				
3033*	成簇的				
3034	皱褶 在某些情况下，特别是铝合金焊接时，因焊接熔池保护不善和紊流的双重影响而产生大量的氧化膜		4021*	根部未焊透 根部的一个或两个熔合面未熔化	 4021 4021 4021
304	金属夹杂 残留在焊缝金属中的外来金属颗粒。其可能是：		403*	钉尖 电子束或激光焊接是产生的极不均匀的熔透，呈锯齿状。这种缺欠可能包括孔穴、裂纹、缩孔等	
3041	钨				
3042	铜				
3043	其他金属				

代号	名称及说明	示意图	代号	名称及说明	示意图
	第5类 形状和尺寸不良		5015*	局部交错咬边 在焊道侧边或表面上，呈不规则间断的、长度较短的咬边	
500	形状不良 焊缝的外表面形状或接头的几何形状不良		502	焊缝超高 对接焊缝表面上焊缝金属过高 a—公称尺寸	
501*	咬边 母材（或前一道熔敷金属）在焊趾处因焊接则产生的不规则缺口		503	凸度过大 角焊缝表面上焊缝金属过高 a—公称尺寸	
5011	连续咬边 具有一定长度且无间断的咬边		504 5041 5042* 5043*	下塌 过多的焊缝金属伸出到了焊缝的根部。下塌可能是： 局部下塌 连续下塌 熔穿	
5012	间断咬边 沿着焊缝间断、长度较短的咬边		505	焊缝形面不良 母材金属表面与靠近焊趾处焊缝表面的切面之间的夹角α过小 a—公称尺寸	
5013	缩沟 在根部焊道的每侧都可观察到的沟槽		506 5061* 5062*	焊瘤 覆盖在母材金属表面，但未与其熔合的过多焊缝金属。焊瘤可能是： 焊趾焊瘤 根部焊瘤	
5014*	焊道间咬边 焊道之间纵向的咬边				

代号	名称及说明	示 意 图	代号	名称及说明	示 意 图
507	错边 两个焊件表面应平行对齐时,未达到规定的平行对齐要求而产生的偏差。错边可能是:	5071 5072	512	焊脚不对称	a—正常形状; b—实际形状
5071*	板材的错边		513	焊缝宽度不齐 焊缝宽度变化过大	
5072*	管材的错边				
508	角度偏差 两个焊件未平行(或未按规定角度对齐)而产生的偏差	508	514	表面不规则 表面粗糙度过大	
509	下垂 由于重力而导致焊缝金属塌落。下垂可能是:	5091 5093	515	根部收缩 由于对接焊缝根部收缩产生的浅沟槽(也可参见5013)	515
5091	水平下垂				
5092	在平面位置下垂	5094	516	根部气孔 在凝固瞬间焊缝金属析出气体而在焊缝根部形成的多孔状孔穴	
5093	角焊缝下垂	5092			
5094	焊缝边缘熔化下垂				
510	烧穿 焊接熔池塌落导致焊缝内的孔洞	510	517	焊缝接头不良 焊缝衔接处局部表面不规则。它可能发生在:	5171 5171
			5171*	盖面焊道	
			5172*	打底焊道	
511	未焊满 因焊接填充金属堆敷不充分,在焊缝表面产生纵向连续或间断的沟槽	511 511	520*	变形过大 由于焊接收缩和变形导致尺寸偏差超标	

代号	名称及说明	示意图	代号	名称及说明	示意图
521*	焊缝尺寸不正确 与预先规定的焊缝尺寸产生偏差		602	飞溅 焊接（或焊缝金属凝固）时，焊缝金属或填充材料进溅出的颗粒	
5211*	焊缝厚度过大 焊缝厚度超过规定尺寸	 5212 5211 a—公称厚度； b—公称宽度	6021	钨飞溅 从钨电极过渡到母材表面或凝固焊缝金属的钨颗粒	
5212*	焊缝宽度过大 焊缝宽度超过规定尺寸				
5213*	焊缝有效厚度不足 角焊缝的实际有效厚度过小	 5213 a—公称厚度； b—实际厚度	603	表面撕裂 拆除临时焊接附件时造成的表面损坏	
			604	磨痕 研磨造成的局部损坏	
5214*	焊缝有效厚度过大 角焊缝的实际有效厚度过大	 5214 a—公称厚度； b—实际厚度	605	凿痕 使用扁铲或其他工具造成的局部损坏	
第6类　其他缺欠			606	打磨过量 过度打磨造成工件厚度不足	
600	其他缺欠 第1～5类未包含的所有其他缺欠		607*	定位焊缺欠 定位焊不当造成的缺欠。如：	
601	电弧擦伤 由于在坡口外引弧或起弧而造成焊缝邻近母材表面处局部损伤		6071*	焊道破裂或未熔合	
			6072*	定位未达到要求就施焊	

代号	名称及说明	示意图	代号	名称及说明	示意图
608*	双面焊道错开 在接头两面施焊的焊道中心线错开	608	615*	残渣 残渣未从焊缝表面完全消除	
610*	回火色（可观察到氧化膜） 在不锈钢焊接区产生的轻微氧化表面		617*	角焊缝的根部间隙不良 被焊工件之间的间隙过大或不足	617
613*	表面鳞片 焊接区严重的氧化表面		618*	膨胀 凝固阶段保温时间加长使轻金属接头发热而造成的缺欠	618
614*	焊剂残留物 焊剂残留物未从表面完全消除				

注：符号"＊"表示新列入的缺欠种类。

二、金属压焊焊接缺欠

压焊的各种常见焊接缺欠的代号、分类、说明及示意图见表1-3。

表 1-3　金属压焊接头各类焊接缺欠的代号、分类、说明及示意图
（摘自 GB/T 6417. 2—2005）

代号	名称及说明	示意图	代号	名称及说明	示意图
	第 1 类　裂纹		P101	纵向裂纹 基本与焊缝轴线相平行的裂纹 它可能位于：	HAZ
P100	裂纹 一种在固态下由局部断裂产生的缺欠，通常源于冷却或应力		P1011 P1013 P1014	焊缝中 热影响区中 未受影响的母材中	P1014 P1013 P1011
P1001	微观裂纹 在显微镜下才能观察到的裂纹				

代号	名称及说明	示意图	代号	名称及说明	示意图
P102 P1021 P1023 P1024	横向裂纹 基本与焊缝轴线相垂直的裂纹。它可能位于： 焊缝中 热影响区中 未受影响的母材中		P1600	表面裂纹 在焊缝区表面裂开的裂纹	
			P1700	"钩状"裂纹 飞边区域内的裂纹，通常始于夹杂物	
P1100	星形裂纹 从某一公共中心点辐射的多个裂纹，通常位于熔核内		第 2 类 孔穴		
			P200	孔穴	
			P201	气孔 熔核、焊缝或热影响区残留气体形成的孔穴	
P1200	熔核边缘裂纹 通常呈逗号形状并延伸至热影响区内		P2011	球形气孔 近似球形的孔穴	
P1300	结合面裂纹 通常指向熔核边缘的裂纹		P2012	均匀气孔 均匀分布在整个焊缝金属中的一些气孔	
P1400	热影响区裂纹		P2013	局部密集气孔 均匀分布的一群气孔	
P1500	（未受影响的）母材裂纹		P2016	虫形气孔 因气体逸出而在焊缝金属中产生的一种管状气孔穴。通常这种气孔成串聚集并呈鲱骨形状	

代号	名称及说明	示意图	代号	名称及说明	示意图
P202	缩孔 凝固时在焊缝金属中产生的孔穴	P202	第4类 未熔合		
P203	锻孔 在结合面上环口未封闭形成的孔穴；主要是由于收缩的原因		P400	未熔合 接头未完全熔合	
第3类 固体夹杂			P401	未焊上 贴合面未连接上	
P300	固体夹杂 在焊缝金属中残留的固体外来物		P403	熔合不足 贴合面仅部分连接或连接不足	P403
P301	夹渣 残留在焊缝中的非金属夹杂物（孤立的或成簇的）	P301	P404	箔片未焊合 工件和箔片之间熔合不足	P404
P303	氧化物夹杂 焊缝中细小的金属氧化物夹杂（孤立的或成簇的）	P303	第5类 形状和尺寸不良		
			P500	形状缺欠 与要求的接头形状有偏差	
P304	金属夹杂 卷入焊缝金属中的外来金属颗粒	P304	P501	咬边 焊接在表面形成的沟槽	P501
			P502	飞边超限 飞边超过了规定值	P502
P306	铸造金属夹杂 残留在接头中的固体金属，包括杂质	P306	P503	组对不良 在压平缝焊时因组对不良而使焊缝处的厚度超标	P503

代号	名称及说明	示意图	代号	名称及说明	示意图
P507	错边 两个焊件表面应组成同一平面时，未达到平面要求而产生的偏差	P507	P5214	熔核直径太大 熔核直径大于要求的限值	P5214 公称尺寸
P508	角度偏差 两个焊件未平行（或未按规定角度对齐）而产生的偏差	P508	P5215	熔核或焊缝飞边不对称 熔核或飞边量的形状或位置不对称	P5215 P5215
P520	变形 焊接工件偏离了要求的尺寸和形状		P5216	熔核熔深不足 从被焊工件的连接面测得的熔深不足	P5216 公称尺寸
P521	熔核或焊缝尺寸缺欠 熔核或焊缝尺寸偏离要求的限值		P522	单面烧穿 熔化金属飞溅导致在焊点处的盲点	P522
P5211	熔核或飞边厚度不足 熔核熔深或焊接飞边太小	P5211 公称尺寸 P5211	P523	熔核或焊缝烧穿 熔化金属飞溅导致在焊点处的完全穿透的孔	P523
P5212	熔核厚度过大 熔核比要求的限值大	P5212 公称尺寸	P524	热影响区过大 热影响区大于要求的范围	
P5213	熔核直径太小 熔核直径小于要求的限值	P5213 公称尺寸	P525	薄板间隙过大 焊件之间的间隙大于允许的上限值	P525
			P526	表面缺欠 工件表面在焊后状态呈现不合要求的偏差	

焊接常见缺陷及处理

代号	名称及说明	示 意 图	代号	名称及说明	示 意 图
P5261	凹坑 在电极实压区焊件表面的局部塌坑	P5261 P5261	P527	熔核不连接 焊点未充分搭接形成连续的焊缝	P527
P5263	附粘电极材料 电极材料附粘在焊件表面		P528	焊缝错位	要求的位置 P528
P5264	电极压痕不良 电极压痕尺寸偏离规定要求		P529	箔片错位 两侧箔片相互错开	P529
P52641	压痕过大 压痕直径或宽度大于规定值		P530	弯曲接头 ("钟形") 焊管在焊缝区产生变形	P530
P52642	压痕深度过大 压痕深度超过规定值		第 6 类　其他缺欠		
P52643	压痕不均匀 压痕深度或直径或宽度不规则		P600	其他缺欠 所有上述 5 类未包含的缺欠	
P5265	箔片表面熔化		P602	飞溅 附着在被焊工件表面的金属颗粒	
P5266	夹具导致的局部熔化 工件表面导电接触区熔化		P6011	回火色（可观察到氧化膜） 点焊或缝焊区域的氧化表面	
P5267	夹痕 夹具导致工件表面的机械损伤		P612	材料挤出物（焊接喷溅） 从焊接区域挤出的熔化金属（包括飞溅或焊接喷溅）	P612
P5268	涂层损坏				

当需要在技术文件中对焊接缺欠进行标注时，应采用下列方式标注：

$$缺欠＋标准号＋代号$$

例如：

熔焊接头裂纹 100，可标记为：缺欠 GB/T 6417.1－100；

压焊接头裂纹 P1001，可标记为：缺欠 GB/T 6417.2－P1001。

一般情况下，使用表 1-4 所示的参照代码，结合表 1-2 所示金属熔焊接头缺欠的代号、分类及说明和表 1-3 所示金属压焊接头缺欠的代号、分类及说明的裂纹代号，可以完整地表示裂纹的具体类别。

表 1-4　焊接裂纹的参照代码及说明

参照代码	名称及说明	参照代码	名称及说明
E	焊接裂纹（在焊接过程中或焊后出现的裂纹）	Ef	冷裂纹
		Eg	脆化裂纹
Ea	热裂纹	Eh	收缩裂纹
Eb	凝固裂纹	Ei	氢致裂纹
Ec	液化裂纹	Ej	层状撕裂
Ed	沉淀硬化裂纹	Ek	焊趾裂纹
Ee	时效硬化裂纹	El	时效裂纹（氮扩散裂纹）

三、金属钎焊焊接缺欠

目前国内还没有钎焊缺欠分类说明的统一标准，一般情况下可根据 ISO 18279：2003（E）的规定，将钎焊缺欠分为 6 个种类，包括裂纹、气孔、固体夹杂物、熔合缺欠、形状和尺寸缺欠、其他缺欠。金属钎焊接头缺欠的代号、分类及说明见表 1-5。

表 1-5　金属钎焊接头缺欠的代号、分类及说明 ［ISO 18279：2003 （E）］

标记	描述	注　释	示　意　图
I 裂纹			
1AAAA[①] 1AAAB[①] 1AAAC[①] 1AAAD[①] 1AAAE[①]	裂纹	材料的有限分离，主要是二维扩展。裂纹可以是纵向的或横向的。 它存在于下列的一个或多个位置： 钎缝金属 界面和扩散区 热影响区 未受影响的母材区	
II 气孔			
2AAAA	空穴		
2BAAA	气穴	充气的室穴	
2BGAA 2BGGA 2BGMA 2BGHA	气孔	球状气孔夹杂 它可以下列形式发生： 均匀分布的气孔 局部（群集）气孔 线条状气孔	
2LIAA	大气窝	大气孔可以是狭长形接头的宽度	
2BALF[②]	表面气孔	切断表面的气孔	
2MGAF[②]	表面气泡	近表面气孔引起膨胀	

标记	描述	注 释	示 意 图
Ⅲ 固体夹杂物			
3AAAA 3DAAA 3FAAA 3CAAA	固体 夹杂	钎焊金属中的外部金属或非金属 颗粒大体可分成： 氧化物夹杂 金属夹杂 钎剂夹杂	 3AAAA
Ⅳ 熔合缺欠			
4BAAA	熔合 缺欠	钎缝金属与母材之间未熔合或未 足够熔合	
4JAAA	填充 缺欠	填充缝隙不完全	 4JAAA
4CAAA	未焊透	钎焊金属未能流过要求的接头 长度	 箭头指示的是流过接 头的方向
Ⅴ 缺欠的形状和尺寸			
6BAAA	钎焊金 属过多	钎焊金属溢出到母材表面，以焊 珠或致密层的形式凝固	 6BAAA
5AAAA	形状 缺欠	与钎焊接头规定形状的偏差	
5EIAA	线性偏差 （线性偏移）	试件是平行的，但有偏移	
5EJAA	角偏差	试件与预期值偏离了一个角度	
5BAAA	变形	在钎焊装配形状中不希望的改变	
5FABA	局部熔化 （或熔穿）	钎焊接头处或相邻位置出现熔孔	 5FABA

标记	描述	注　释	示　意　图
7NABD	母材表面熔化	接头区域钎焊装配件表面的熔化	
7OABP	填充金属熔蚀	钎焊装配件表面的熔蚀破坏	
6GAAA	凹形钎焊金属（凹形钎角）	钎焊接头处的钎焊金属表面低于要求的尺寸 钎焊金属表面已经凹陷，低于母材表面	6GAAA 6GAAA
5HAAA	粗糙表面	不规则的凝固、熔析等	
6FAAA	钎角不足	钎角形状低于额定尺寸	5GAAA 6FAAA
5GAAA	钎角不规则	出现多样钎角	

Ⅵ 其他缺欠

标记	描述	注　释	示　意　图
7AAAA	其他缺欠	不能归类到本表Ⅰ～Ⅴ类的缺欠	
4VAAA	钎剂渗漏	在表面气孔中出现的钎剂残余物	4VAAA
7CAAA	飞溅	钎焊金属熔滴黏附在钎焊装配件的表面上	
7SAAA	变色/氧化	挥发性钎料或母材表面的氧化/钎剂作用/沉积	
7UAAC	母材和填充材料过合金化	与过热、超过和/或填充金属有关	

标记	描述	注　　释	示　意　图
9FAAA	钎剂残留物	未能去除的钎剂	
7QAAA	过多钎焊金属流动	过多的钎焊金属流动	
9KAAA	蚀刻	钎剂在母材表面的反应	

①对于晶间裂纹，将第二个符号"A"改为"F"。

②这些缺欠经常一起出现。

第四节　焊接缺欠的特征

生产中常见的焊接缺欠特征见表 1-6。

表 1-6　常见的焊接缺欠特征

缺欠种类	缺欠影像特征
气孔	多数为圆形、椭圆形黑点，其中心处黑度较大，也有针状、柱状气孔。其分布情况不一，有密集的、单个的和链状的
夹渣	形状不规则，有点、条块等，黑度不均匀。一般条状夹渣都与焊缝平行，或与未焊透、未熔合混合出现
未焊透	有底片上呈现规则的，甚至直线状的黑色线条，常伴有气孔或夹渣。在 V、X 形坡口的焊缝中，根部未焊透出现在焊缝中间，K 形坡口则偏离焊缝中心
未熔合	坡口未熔合影像一般一侧平直，另一侧有弯曲，黑度淡而均匀，时常伴有夹渣。层间未熔合影像不规则，且不易分辨
裂纹	一般呈直线或略带锯齿状的细条状，轮廓分明，两端尖细，中部稍宽，有时呈现树状影像
夹钨	在底片上呈现圆形或不规则的亮斑点，且轮廓清晰

第五节　不同焊接方法产生的焊接缺欠

不同的焊接方法产生焊接缺欠的种类、概率不同，焊接缺欠所处的焊接区域也不相同，掌握不同焊接方法易产生各种焊接缺欠的规律，可以采取有效措施，防止或减少焊接缺欠的产生，提高焊接工程的质量。不同熔焊方法易产生的各种焊接缺欠见表 1-7，不同压焊方法易产生的各种焊接缺欠见表 1-8，不同钎焊方法易产生的各种焊接缺欠见表 1-9。

表 1-7　不同熔焊方法易产生的各种焊接缺欠

焊接缺欠代号 \ 焊接方法	焊条电弧焊	TIG 焊	MIG 焊	埋弧焊	等离子弧焊	电子束焊	激光焊	电渣焊	水下焊接
100									
1001		×	×	×	×	×	×	×	
101	×							×	×
1011	×							×	×
1012	×		×				×		×
1013	×							×	×
1014		×	×						
102	×	×						×	×
1021	×	×						×	×
1023	×							×	×
1024		×							
103	×		×					×	×
1031	×							×	×
1033	×							×	×
1034									
104	×			×					×
1045	×								×
1046	×								×

焊接方法 / 焊接缺欠代号	焊条电弧焊	TIG焊	MIG焊	埋弧焊	等离子弧焊	电子束焊	激光焊	电渣焊	水下焊接
1047	×	×	×	×					×
105	×								×
1051	×								×
1053	×								×
1054									
106	×	×							×
1061	×	×							×
1063	×	×							×
1064		×							
200									
201	×	×	×	×	×	×		×	×
2011	×	×	×					×	×
2012	×								
2013	×	×	×		×			×	
2014	×	×	×		×				
2015	×	×	×					×	×
2016			×					×	×
2017	×		×				×	×	
202									
2021									
2024	×	×					×		
2025	×		×						
203									
2031									
2032									
300									
301	×		×	×				×	

焊接方法 焊接缺欠代号	焊条电弧焊	TIG焊	MIG焊	埋弧焊	等离子弧焊	电子束焊	激光焊	电渣焊	水下焊接
3011	×		×	×				×	
3012	×		×	×				×	
3014	×		×	×				×	
302				×					
3021				×					
3022				×					
3024				×					
303		×							
3031		×							
3032		×							
3033		×							
3034									
304		×							
3041		×							
3042									
3043									
401	×		×	×		×		×	×
4011	×		×	×		×		×	×
4012	×		×	×		×		×	×
4013	×		×	×		×		×	×
402	×	×	×	×				×	×
4021	×	×	×	×				×	×
403									
500									
501	×	×			×	×	×		×
5011	×	×			×	×	×		
5012		×			×	×	×		

焊接方法 焊接缺欠代号	焊条电弧焊	TIG焊	MIG焊	埋弧焊	等离子弧焊	电子束焊	激光焊	电渣焊	水下焊接
5013									
5014	×	×							
5015									
502	×		×					×	×
503	×							×	
504	×								×
5041	×								×
5042	×								×
5043	×								×
505	×								×
506	×		×						×
5061	×		×						×
5062	×		×						×
507	×								
5071	×								
5072	×								
508	×								
509	×								
5091	×								
5093	×								
5094	×								
510			×	×					×
511								×	×
512									×
513	×							×	×
514	×							×	×
515									

焊接缺欠代号	焊条电弧焊	TIG焊	MIG焊	埋弧焊	等离子弧焊	电子束焊	激光焊	电渣焊	水下焊接
516									
517		×							
5171									×
5172		×							×
520									×
521									×
5211									×
5212									×
5213								×	×
5214									×
600									
601	×	×	×						
602	×		×				×		
6021		×							
603									
604									
605									
606									
607									
6071									
6072									
608									
610									
613									
614				×					
615	×			×					
617									
618									

注："×"表示某种焊接方法易出现的焊接缺欠。

表 1-8　不同压焊方法易产生的各种焊接缺欠

焊接缺欠代号＼焊接方法	点焊	搭接缝焊	压平缝焊	薄膜对接缝焊	凸焊	闪光对焊	电阻对焊	高频电阻焊	超声波焊	摩擦焊	锻焊	爆炸焊	扩散焊	气压焊	冷压焊	电弧螺柱焊	电阻螺柱焊	感应焊
P100																		
P1001	×	×	×	×	×	×	×	×	×	×	×	×	×	×	×	×	×	×
P101																		
P1011		×	×	×		×					×				×			×
P1013		×	×	×		×												×
P1014			×							×	×	×			×			×
P102																		
P1021		×	×	×														×
P1023		×	×	×														
P1024			×										×		×			
P1100	×	×			×											×	×	
P1200	×																×	
P1300	×				×			×										
P1400	×	×	×	×	×								×		×	×		×
P1500	×	×												×				
P1600	×	×	×							×	×		×	×				
P1700						×	×	×			×			×	×			
P200																		
P201																		
P2011	×	×		×	×	×		×			×			×		×	×	×
P2012	×	×		×	×	×		×		×	×	×		×		×	×	
P2013	×	×		×	×	×		×						×		×	×	
P2016		×												×				×
P202	×	×	×	×	×	×								×	×	×		

焊接缺欠代号＼焊接方法	点焊	搭接缝焊	压平缝焊	薄膜对接缝焊	凸焊	闪光焊	电阻对焊	高频电阻焊	超声波焊	摩擦焊	锻焊	爆炸焊	扩散焊	气压焊	冷压焊	电弧螺柱焊	电阻螺柱焊	感应焊
P203	×	×																
P300																		
P301						×	×	×			×		×			×	×	×
P303	×	×	×	×	×	×		×		×	×			×				×
P304	×	×	×	×	×		×									×	×	×
P306						×												
P400																		
P401	×	×	×	×	×	×	×	×	×	×	×	×	×	×				×
P403	×	×	×	×	×	×	×	×		×				×				×
P404				×														
P500																		
P501	×	×	×	×		×	×	×								×		×
P502						×	×			×	×			×	×			×
P503			×															
P507			×			×	×	×		×	×			×	×			×
P508			×			×	×	×		×	×			×	×			×
P520	×	×	×	×						×	×	×	×			×	×	×
P521																		
P5211	×	×				×	×	×		×	×					×	×	×
P5212	×				×													
P5213	×				×													
P5214	×				×													
P5215	×	×	×	×	×	×	×	×	×	×	×	×	×	×	×	×	×	×
P5216	×				×													

焊接方法 焊接缺欠代号	点焊	搭接缝焊	压平缝焊	薄膜对接缝焊	凸焊	闪光焊	电阻对焊	高频电阻焊	超声波焊	摩擦焊	锻焊	爆炸焊	扩散焊	气压焊	冷压焊	电弧螺柱焊	电阻螺柱焊	感应焊
P522	×	×		×	×	×	×	×									×	
P523	×																×	×
P524	×	×	×	×	×	×	×	×		×	×			×		×	×	×
P525	×																×	
P526																	×	×
P5261	×			×	×				×									
P5262	×																	×
P5263	×			×	×				×									
P5264																		
P52641	×								×									
P25642	×								×									
P52643	×	×		×	×				×									
P5265																		
P5266	×	×		×	×		×									×	×	
P5267						×	×	×		×				×	×			
P5268	×	×		×	×				×									
P527		×																×
P528			×			×	×	×		×	×			×	×			×
P529				×														
P530						×	×	×										×
P600																		
P602	×	×	×		×	×										×		
P6011	×	×	×		×	×										×		
P612	×	×		×	×													

注:"×"表示某种焊接方法易出现的焊接缺欠。

表 1-9　不同钎焊方法易产生的各种焊接缺欠

焊接方法 焊接缺欠代号	火焰 钎焊	感应 钎焊	炉中 钎焊	电阻 钎焊	烙铁 钎焊	波峰 钎焊	载流 钎焊
1AAAA	×		×				
1AAAB	×		×				
1AAAC							
1AAAD							
1AAAE			×				
2AAAA	×			×			
2BAAA	×	×	×	×			
2BGAA	×	×		×			
2BGMA	×	×		×			
2BGHA	×	×		×			
2LIAA	×		×				
2BALF	×			×			
2MGAF	×			×			
3AAAA							
3DAAA	×	×	×	×			
3FAAA	×	×	×	×			
3CAAA		×	×	×			
4BAAA	×	×	×		×	×	×
4JAAA	×	×	×				
4CAAA	×	×	×		×	×	
6BAAA	×	×					
5AAAA			×				
5EJAA			×				
5BAAA			×				
5FABA	×						

焊接方法 焊接缺欠代号	火焰 钎焊	感应 钎焊	炉中 钎焊	电阻 钎焊	烙铁 钎焊	波峰 钎焊	载流 钎焊
7NABD	×						
7OABP	×		×				
6GAAA							
5HAAA							
6FAAA					×	×	×
5GAAA							
7AAAA							
4VAAA							
7CAAA	×						
7SAAA	×				×	×	×
7UAAC							
9FAAA							
7QAAA	×						
9KAAA							

注:"×"表示某种焊接方法易出现的焊接缺欠。

第六节　焊接缺欠的产生原因及影响因素

焊接缺欠产生的原因是多方面的,对不同的缺欠,影响因素也不同。焊接缺欠的产生既有冶金的原因,又有应力和变形的作用。焊接缺欠通常出现在焊缝及其附近区域,而这些部位正是焊接结构中拉伸残余应力最大的地方。

一、焊接缺欠的产生原因

焊接缺欠产生的主要原因见表 1-10。

表 1-10　焊接缺欠产生的主要原因

类别	名　称	材料因素	结构因素	工艺因素
冷裂纹	氢致裂纹	①钢中 C 或合金元素含量高，使淬硬倾向增大 ②焊接材料含氢量较高	①焊缝附近刚度较大，如大厚度、高拘束度 ②焊缝布置在应力集中区 ③坡口形式不合适（如 V 形坡口拘束应力较大）	①熔合区附近冷却时间小于出现铁素体临界冷却时间，热输入过小 ②未使用低氢焊条 ③焊接材料未烘干，焊口及工件表面有水分、油污及铁锈 ④焊后未进行保温处理
冷裂纹	淬火裂纹	①钢中 C 或合金元素含量高，使淬硬倾向增大 ②对于多元合金的马氏体钢，焊缝中出现块状铁素体		①对冷裂倾向较大的材料，预热温度未作相应的提高 ②焊后未立即进行高温回火 ③焊条选择不合适
冷裂纹	层状撕裂	①焊缝中出现片状夹杂物（如硫化物、硅酸盐和氧化铝等） ②母材组织硬脆或产生时效脆化 ③钢中含硫量过多	①接头设计不合理，拘束应力过大（如 T 形填角焊、角接头和贯通接头） ②拉应力沿板厚方向作用	①热输入过大，使拘束应力增加 ②预热温度较低 ③焊根裂纹的存在导致层状撕裂的产生
热裂纹	结晶裂纹	①焊缝金属中合金元素含量高 ②焊缝金属中 P、S、C、Ni 含量较高 ③焊缝金属中 Mn/S 比例不合适	①焊缝附近的刚度较大，如大厚度、高拘束度 ②接头形式不合适，如熔深较大的对接接头和角焊缝（包括搭接接头、丁字接头和外角接焊缝）抗裂性差 ③接头附近应力集中，如密集、交叉的焊缝	①焊接热输入过大，使近缝区过热，晶粒长大，引起结晶裂纹 ②熔深与熔宽比过大 ③焊接顺序不合适，焊缝不能自由收缩
热裂纹	液化裂纹	母材中的 P、S、B、Si 含量较多	①焊缝附近刚度较大，如大厚度、高拘束度 ②接头附近应力集中，如密集、交叉的焊缝	①热输入过大，使过热区晶粒粗大，晶界熔化严重 ②熔池形状不合适，凹度太大
热裂纹	高温失塑裂纹	—		热输入过大，使温度过高，容易产生裂纹

类别	名 称	材料因素	结构因素	工艺因素
再热裂纹		①焊接材料的强度过高 ②母材中 Cr、Mo、V、B、S、P 含量较高 ③热影响区粗晶区组织未得到改善（未减少或消除马氏体组织）	①结构设计不合理造成应力集中（如对接焊缝和填角焊缝重叠） ②坡口形式不合适导致较大的拘束应力	①回火温度不够，持续时间过长 ②焊趾处咬边而导致应力集中 ③焊接顺序不对使焊接应力增大 ④焊缝余高导致近缝区的应力集中
气孔		①熔渣氧化性增大时，CO 气孔倾向增加；熔渣还原性增大时，氢气孔倾向增加 ②焊件或焊接材料不清洁（有铁锈、油和水分等杂质） ③与焊条、焊剂的成分及保护气体的气氛有关 ④焊条偏心，药皮脱落	仰焊、横焊易产生气体	①当热输入不变、焊接速度增大时，增加了产生气体的倾向 ②电弧电压太高（即电弧过长） ③焊条、焊剂在使用前未烘干 ④使用交流电源易产生气体 ⑤气体保护焊时，气体流量不合适
夹渣		①焊材的脱氧、脱硫效果不好 ②渣的流动性差 ③原材料夹杂中含硫量较高及硫偏析程度较大	立焊、仰焊易产生夹渣	①电流大小不合适，熔池搅动不足 ②焊条药皮成块脱落 ③多层焊时清渣不够 ④电渣焊时焊接条件突然改变，母材熔深突然减小
未熔合		—	—	①焊接电流小或焊接速度快 ②坡口或焊道有氧化皮、熔渣及氧化物等高熔点物质 ③操作不当

类别	名 称	材料因素	结构因素	工艺因素
	未焊透	焊条偏心	坡口角太小，钝边太厚，间隙太小	①焊接电流小或焊接速度太快 ②焊条角度不对或运条方法不当 ③电弧太长或电弧偏吹
形状缺欠	咬边	—	立焊、仰焊时易产生咬边	①焊接电流过大或焊接速度太慢 ②立焊、横焊和角焊电弧太长 ③焊条角度不正确或运条不当
	焊瘤	—	坡口太小	①焊接工艺不当，电压过低，焊接速度不合适 ②焊条角度不对或未对准焊缝 ③运条不正确
	烧穿和下塌	—	①坡口间隙过大 ②薄板或管子的焊接易产生烧穿和下塌	①电流过大，焊速太慢 ②垫板托力不足
	错边	—	—	①装配不正确 ②焊接夹具质量不高
	角变形	—	①与坡口形状有关，如对接V形坡口的角变形大于X形坡口 ②与板厚有关，中等板厚角变形最大，厚板、薄板的角变形较小	①焊接顺序对角变形有影响 ②热输入增加，角变形也增加 ③反变形量未控制好 ④焊接夹具质量不高
	焊缝尺寸、形状不合要求	①熔渣的熔点和黏度太高 ②熔渣的表面张力较大，不能很好地覆盖焊缝表面，使焊纹粗、焊缝高、表面不光滑	坡口不合适或装配间隙不均匀	①焊接参数不合适 ②焊条角度或运条手法不当

类别 名　称	材料因素	结构因素	工艺因素
电弧擦伤	—	—	①焊工随意在坡口外引弧 ②接地不良或电气接线不好
飞溅	①熔渣的黏度过大 ②焊条偏心	—	①焊接电流过大 ②电弧过长 ③碱性焊条的极性不合适 ④焊条药皮水分过多 ⑤焊接电源动特性、外特性不佳

二、焊接缺欠的影响因素

焊接缺欠的主要影响因素如下。

①人为因素。因为焊工技能水平和熟练程度不同，会在相同的接头形式、相同的设备、相同的焊接参数和操作环境下产生不同质量的焊接接头，即产生不同形态或数量的焊接缺欠。同时，也会因为设计人员技术水平不同，设计成合理程度不同的接头形式，产生不同形态或数量的焊接缺欠而影响接头质量。

②环境因素。焊接接头的任意一个侧面接触腐蚀介质时，或使用环境中存在腐蚀、中子辐射、高温、低温和气候条件变化时，要考虑材料对接头产生焊接缺欠和接头质量的影响。

③天气因素。天气的变化对焊接缺欠的产生影响也很大。如大风阴雨天气会招致焊缝产生气孔，天气温度很低（如−10℃以下）时会对某些淬硬倾向大的或厚度大（如 $\delta \geqslant 36mm$）的焊接接头造成产生裂纹的可能性增大等。

④焊后处理因素。焊后处理包括焊后热处理与焊后机械处理等。焊后热处理目的是为了减少残余应力或为了获得所需要的性能或两者兼得，但若热处理工艺参数选择不当，则会出现各种问题；焊后机械处理（如锤击）是为了改善残余应力的分布，减少由焊接热循环引起的应力集中，以减少或消除产生变形或裂纹的可能性。

具体的每一种焊接缺欠产生的原因及预防措施，详见第三章所述。

第七节　焊接缺欠的危害

焊接接头的主要失效形式有疲劳失效、脆性失效、应力腐蚀开裂、泄漏、失稳、过载屈服、腐蚀疲劳等。其中疲劳失效所占比例最大（约为70%），脆性断裂、过载屈服和应力腐蚀开裂都是常见的失效形式。焊接缺欠对接头性能的影响见表1-11。

表 1-11　焊接缺欠对接头性能的影响

焊接缺欠	接头性能	力学				环境		
		静载强度	延性	疲劳强度	脆断	腐蚀	应力腐蚀开裂	腐蚀疲劳
形状缺欠	变形	○	◎	◎	◎	△	◎	◎
	余高过大	△	△	◎	△	○	◎	◎
	焊缝尺寸过小	◎	◎	◎	◎	◎	◎	◎
	形状不连续	○	○	◎	◎	○	◎	◎
表面缺欠	气孔	△	△	○	△	△	△	△
	咬边	△	○	◎	○	○	◎	◎
	焊瘤	△	△	◎	△	△	◎	◎
	裂纹	◎	◎	◎	△	○	△	△
内部缺欠	气孔	△	△	○	△	△	△	△
	孤立夹渣	△	△	○	○	△	△	△
	条状夹渣	○	○	◎	○	○	△	△
	未熔合	◎	◎	◎	◎	○	◎	○
	未焊透	◎	◎	◎	◎	○	◎	◎
	裂纹	◎	◎	◎	◎	○	◎	◎
性能缺欠	硬化	△	△	○	◎	△	○	○
	软化	○	◎	◎	△	○	△	△
	脆化	△	◎	◎	◎	△	○	△
	剩余应力	○	○	○	◎	○	◎	△

注：◎—有明显影响；○—在一定条件下有影响；△—关系很小。

（1）焊接缺欠对应力集中的影响

焊接缝中的气孔一般呈单个球状或条虫形，因此气孔周围应力集中并不严重。焊接接头中的裂纹常呈扁平状，如果加载方向垂直于裂纹的平面，则裂纹两端会引起严重的应力集中。焊缝中的夹杂物具有不同的形状和包含不同的材料，但其周围的应力集中并不严重。如果焊缝中存在密集气孔或夹渣时，在负载作用下出现气孔间或夹渣间的连通，则将导致应力区的扩大和应力值的急剧上升。另外，对于焊缝的形状不良、角焊缝的凸度过大及错边、角变形等焊接接头的外部缺欠，也都会引起应力集中或者产生附加应力。

焊接接头形状的不连续（如焊趾区和根部未焊透等）、接头形式不良和焊接缺欠形成的不连续（包括错边和角变形）都会产生应力集中；同时，由于结构设计不当，形成构件形状的突变，也会出现应力集中区。假如两个应力集中相重叠，则该区的应力集中系数大约等于各应力集中系数的乘积。因此，在这些部位极易产生疲劳裂纹，造成疲劳破坏。

几何形状造成的不连续性缺欠，如咬边、焊缝成形不良或烧穿等，不仅减小构件的有效截面积，还会产生应力集中。

改善应力集中的方法一般有 TIG 熔修法、机械加工法、砂轮打磨法、局部挤压法、锤击法、局部加热法。

（2）焊接缺欠对脆性断裂的影响

脆性断裂是一种低应力下的破坏，而且具有突发性，事先难以发现和加以预防，危害性较大。一般认为，结构中缺欠造成的应力集中越严重，脆性断裂的危险性越大。焊接结构对脆性断裂的影响如下所述：

①应变时效引起的局部脆性。

②对于高强度钢，过小的焊接热输入容易产生淬硬组织，过大的焊接热输入则会使晶粒长大，增大脆性。

③裂纹对脆性断裂的影响最大，其影响程度不仅与裂纹的尺寸、形状有关，而且与其所在的位置有关。如果裂纹位于高值拉应力区就容易引起低应力破坏。若裂纹位于结构的应力集中区，则更危险。许多焊接结构的脆性断裂都是由微小裂纹引发的，由于小裂纹未达到临界尺寸，运行后结构不会立即断裂，在使用期间可能出现变化，最后

达到临界值，发生脆性断裂。

④错边和角变形等焊接缺欠也能引起附加的弯曲应力，对结构的脆性破坏也有影响，并且角变形越大，破坏应力越小，越容易发生脆性断裂。

（3）焊接缺欠对疲劳强度的影响

焊接缺欠对疲劳强度的影响要比静载强度大得多。例如，气孔引起的承载截面减小10％时，疲劳强度的下降可达50％。裂纹、未焊透和未熔合等对疲劳强度的影响较大。焊接缺欠对接头疲劳强度的影响与缺欠的种类、方向和位置有关。

①裂纹对疲劳强度的影响　带裂纹的接头与缺欠面积比率相同且带有气孔的接头相比，疲劳强度下降较多，前者约为后者的85％。含裂纹的结构与占同样面积气孔的结构相比，前者的疲劳强度比后者低15％。对未焊透来说，随着其面积的增加，疲劳强度明显下降，而且这类平面缺欠对疲劳强度的影响与负载的方向有关。

②气孔对疲劳强度的影响　气孔使疲劳强度下降的原因主要是气孔减少了截面积尺寸，它们之间有一定的线性关系。当采用机加工方法加工试样表面，使气孔恰好处于工件表面时，或刚好位于表面下方时，气孔的不利影响加大，它将作为应力集中源而成为疲劳裂纹的启裂点。这说明气孔的位置比其尺寸的大小对接头疲劳强度影响更大，表面或表层下气孔具有最不利的影响。

③未焊透和未熔合对疲劳强度的影响　未焊透缺欠的主要影响是削弱有效截面积并引起应力集中。以削弱有效截面积10％时的疲劳寿命与未含有该类缺欠的试验结果相比，其疲劳强度会降低25％左右。

④咬边对疲劳强度的影响　咬边多出现在焊趾或接头的表面，对疲劳强度的影响比气孔和夹渣等缺欠大得多。试验证明，带咬边的接头10^6次循环的疲劳强度约为致密接头强度的40％。

⑤夹渣对疲劳强度的影响　夹渣或夹杂物截面积的大小成比例地降低材料的抗拉强度，但对屈服强度的影响较小。这类缺欠的尺寸和形状对强度的影响较大，单个的间断小球状夹渣或夹杂物比同样尺寸和形状的气孔危害小。直线排列、细小且方向垂直于受力方向的连续夹渣最危险。在焊趾部位距离表面0.5mm左右处，如果存在尖锐的

熔渣等缺欠，相当于疲劳裂纹提前萌生。

⑥外部缺欠对疲劳强度的影响　焊趾区及焊根处的未焊透、错边和角变形等外部缺欠都会引起应力集中，很容易产生疲劳裂纹造成疲劳破坏。

焊接缺欠对接头疲劳强度的影响不但与缺欠尺寸大小有关，而且还取决于许多其他因素。例如，表面缺欠比内部缺欠影响大；与作用力方向垂直的面状缺欠的影响比其他方向的大；位于残余拉应力区内的缺欠比在残余压应力区的缺欠对焊接接头性能的影响大；位于应力集中区的缺欠比在均匀应力场中的缺欠影响大。

（4）焊接缺欠对应力腐蚀开裂的影响

应力腐蚀开裂通常是从表面开始的，如果焊缝表面有缺欠，则裂纹很快在缺欠处形成。因此，焊缝的表面粗糙度，焊接结构上的拐角、缺口、缝隙等都对应力腐蚀有很大的影响。这些表面缺欠使浸入的腐蚀介质局部浓缩，加快了电化学过程的进行和阳极的溶解，为应力腐蚀裂纹的扩展成长提供了条件。

应力集中对腐蚀开裂也有很大的影响。焊接接头的腐蚀疲劳破坏，大都是从焊趾处开始，然后扩展，穿透整个截面导致结构的破坏。因此，改善焊趾处的应力集中程度也能大大提高接头的抗腐蚀疲劳的能力。

在部分焊接缺欠无法避免的情况下，可从改变应力状态入手减少应力腐蚀开裂。拉应力是产生应力腐蚀开裂的重要条件，如能在接触腐蚀介质的表面形成压应力，则可以很好地解决各类焊接结构应力腐蚀开裂的难题。"逆焊接加热处理"是一种新的消除残余应力的技术，它通过喷淋冷却介质使处理表面（包括焊接区）获得比周围和背面相对较低的负温差，在处理表面形成双向的残余压应力层而不影响材料的力学性能，这种方法特别适用于有防止应力腐蚀要求的焊接结构。

事实表明，超过规定限值的缺欠的存在，直接影响了焊接接头的性能，降低了焊接工程的总体质量，导致结构失效事件的出现。例如，某汽车左后悬架支撑杆（一端铸件，一端焊接件）如果存在焊接缺欠，在没有超载情况和其他外力作用时也会发生断裂，造成转向失控发生车祸；钢结构件内在缺欠的质量隐患危害性很大，会造成突发事故。在造船业中，焊接是保证船舶密封性和强度的关键，是保证船舶安全航行和作业的重要条件。如果焊接工程质量存在着超过规定限值的缺欠，就有可能造成渗漏或结构断裂，甚至引起船舶沉没。对船舶脆断事故的调查表明，40％的脆断事故是从焊缝质量缺欠处开始的。

焊接结构中存在焊接缺欠会明显降低结构的承载能力，甚至还会降低焊接结构的耐蚀性和缩短疲劳寿命。所以，在焊接产品的制造过程中应采取措施，防止产生焊接缺欠，在焊接产品的使用过程中应进行定期检验，及时发现缺欠，采取修补措施，避免事故的发生。

第二章

焊接缺陷的检验及返修

第一节　焊缝外观检验

外观检验主要是通过目视方法检查焊缝表面的缺陷和借助测量工具检查焊缝尺寸上的偏差。外观检验分为目视检验和尺寸检验。

一、焊缝的目视检验

（1）目视检验的方法

①直接目视检验　焊缝外形应均匀，焊道与焊道及焊道与母材之间应平滑过渡。目视检验也称近距离目视检验，是用眼睛直接观察和分辨缺陷的形貌。在检验过程中可采用适当照明设施，利用反光镜调节照射角度和观察角度，或借助于低倍放大镜观察焊件，以提高眼睛发现和分辨缺陷的能力。

②远距离目视检验　远距离目视检验主要用于眼睛不能接近被检验物体，而必须借助于望远镜、内孔管道镜（窥视镜）、照相机等辅助设施进行观察的场合。

（2）目视检验的程序

目视检验工作较简单、直观、方便、效率高。应对焊接结构的所有可见焊缝进行目视检验。对于结构庞大、焊缝种类或形式较多的焊接结构，为避免目视检验时遗漏，可按焊缝的种类或形式分为区、块、段逐次检查。

（3）目视检验的项目

焊接工作结束后，要及时清理焊渣和飞溅，然后按表 2-1 的项目进行检验。

表 2-1　焊缝目视检验的项目

序号	检验项目	检验部位	质量要求	备　注
1	清理	所有焊缝及其边缘	无熔渣、飞溅及阻碍外观检查的附着物	
2	几何形状	①焊缝与母材连接处②焊缝形状和尺寸急剧变化的部位	①焊缝完整不得有漏焊，连接处应圆滑过渡②焊缝高低、宽窄及结晶鱼鳞波纹应均匀变化	可用测量尺
3	焊接缺陷	①整条焊缝和热影响区附近②重点检查焊缝的接头部位、收弧部位及形状和尺寸突变部位	①无裂纹、夹渣、焊瘤、烧穿等缺陷②气孔、咬边应符合有关标准规定	①接头部位易产生焊瘤、咬边等缺陷②收弧部位易产生弧坑裂纹、夹渣和气孔等缺陷
4	伤痕补焊	①装配拉筋板拆除部位②母材引弧部位③母材机械划伤部位	①无缺肉及遗留焊疤②无表面气孔、裂纹、夹渣、疏松等缺陷③划伤部位不应有明显棱角和沟槽，伤痕深度不超过有关标准的规定	

对于点、缝焊的工艺撕裂试样也要进行目视检验，其试样尺寸见表 2-2。

表 2-2　点、缝焊工艺撕裂试样的尺寸　　　　　　　　　mm

试样厚度	点焊试样的宽度	缝焊试样的宽度
≤1.0	20	30
1.1～2.0	25	30
2.1～3.0	30	30
>3.0	35	40

撕裂工艺试验如图 2-1 所示。焊接时点距应与焊接产品时相同，

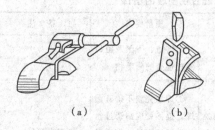

（a）　　　　　　（b）

图 2-1　撕裂工艺试验

焊后将工艺撕裂试样夹在台虎钳上，如图 2-1（a）所示；并用钢丝钳或专用扳手将两块试样撕开，如图 2-1（b）所示。焊点的直径或焊缝的宽度应符合技术条件规定，并在其中一块板片上留下孔穴。

目视检验若发现裂纹、夹渣、气孔、焊瘤、咬边等不允许存在的缺陷，应清除、补焊、修磨，使焊缝表面质量符合要求。

二、焊缝外形尺寸检验

焊缝外形尺寸的检验是按图样标注尺寸或技术标准规定的尺寸对实物进行测量检查。通常在目视检验的基础上，选择焊缝尺寸正常部位、尺寸变化的过渡部位和尺寸异常变化的部位进行测量检查，然后相互比较，找出焊缝外形尺寸变化的规律，与标准规定的尺寸对比，从而判断外形几何尺寸是否符合要求。

焊缝外形尺寸检验时，被检验的焊接接头应清理干净，不应有焊接熔渣和其他覆盖层。在测量焊缝外形尺寸时，可采用标准样板和量规。样板组和焊缝的测量如图 2-2 所示，检查焊缝用的量规如图 2-3 所示，万能量规的用法如图 2-4 所示。

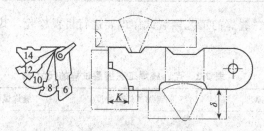

图 2-2　样板组和焊缝的测量

1. 对接焊缝外形尺寸的检验

①对接焊缝的外形尺寸包括：焊缝的余高 h、焊缝宽度 c、焊缝边缘直线度 f、焊缝宽度差和焊缝面凹凸度。焊缝的余高 h、焊缝宽

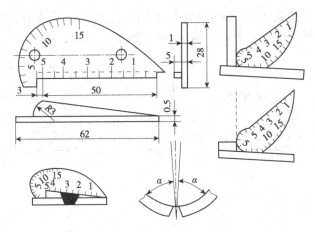

图 2-3　检查焊缝用的量规

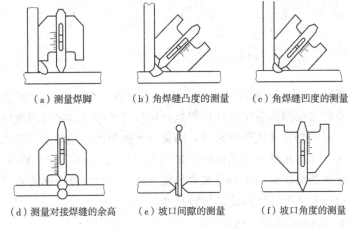

（a）测量焊脚　　　（b）角焊缝凸度的测量　　　（c）角焊缝凹度的测量

（d）测量对接焊缝的余高　　（e）坡口间隙的测量　　　（f）坡口角度的测量

图 2-4　万能量规的用法

度 c 是重点检查的外形尺寸。

②在多层焊时，要特别重视根部焊道的外观检查。

③对低合金高强度钢做外观检查时，常需进行两次，即焊后检查一次，经 15~30 天以后再检查一次，检查焊接结构是否产生延迟裂纹。

④对未填满的弧坑应特别仔细检查，以发现可能出现的弧坑裂纹。

2. 角焊缝外形尺寸的检验

角焊缝外形尺寸包括焊脚、焊脚尺寸、凹凸度和焊缝边缘直线度等。大多数情况下，焊缝计算厚度不能进行实测，需要通过焊脚尺寸进行计算。焊角尺寸 K_1、K_2 的确定如图 2-5 所示。

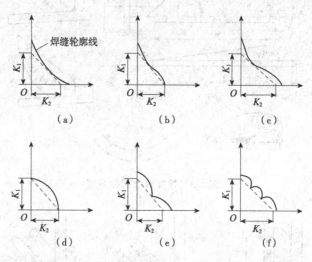

图 2-5　焊脚尺寸 K_1、K_2 的确定

　　复杂形状角焊缝表面几何形状很不规则，焊缝尺寸不能直接测定，只能用作图法确定。其步骤是先用检查尺测出角焊缝两侧的焊脚大小，再根据外表面凹度情况，测量一至两个凹点到两侧直角面表面的距离。作出角焊缝横截面图，如图 2-5（b）、（c）、（e）和（f）所示，在角焊缝横截面中画出最大等腰直角三角形，测得的直角三角形直角边边长就是该角焊缝的焊脚尺寸。

　　3. 钎缝外观质量检验

　　（1）一般要求

　　①检验部位　所有裸露的钎缝表面均需进行外观质量检验。

　　②表面清理　检验钎缝外观质量前，应彻底清除待查钎缝处的油污、氧化物、阻流剂和钎剂残渣等外来夹杂物。

　　③检验人员　检验人员经培训，应能对钎缝外观缺陷程度作出正确的判断。

　　（2）钎缝外观质量检验方法

　　①目视检查法

a. 用肉眼观察检查。适用于明显的可见的宏观缺陷。

b. 放大镜检查。采用不超过 10 倍的放大镜进行检查，适用于肉眼较难分辨的表面缺陷，如微小的裂纹、气孔和熔蚀等。

c. 反光镜检查。适用于深孔、盲孔等不能直接目视的场合（见图 2-6）。必要时可采用 3～10 倍放大镜进行目视观察。

d. 内窥镜检查。主要用于弯曲或遮挡部位表面钎缝的检查（见图 2-7）。必要时可采用 3～10 倍放大镜进行观察。

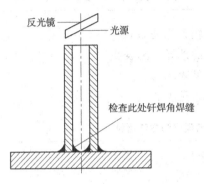

图 2-6　深孔构件的反光镜检查示意

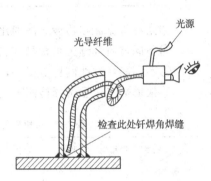

图 2-7　弯曲构件的内窥镜检查示意

目视检查可查明钎缝的外形、表面裂纹、气孔、缩松、未钎满、熔蚀、节瘤、针孔、钎缝表面粗糙度和腐蚀斑点等宏观缺陷。

②渗透检查法　适用于Ⅰ、Ⅱ级钎缝外观检查，用以判定钎缝表面有无微小的肉眼较难分辨的裂纹、气孔和针孔等缺陷。可按 GB/T 5616—2014 中有关规定进行检验。小工件一般采用荧光检测，大工件通常用着色探伤来检查。

第二节　焊缝的无损检测

一、无损检测概述

无损检测方法用以测定焊缝的内部缺陷。通过无损检测，可以将焊缝内部的裂纹、气孔、夹渣、未焊透等缺陷较准确地检查出来，而对焊接接头的组织和性能没有任何损伤，是目前常用的焊接检验方法。

常用无损检测方法有：射线检测、超声波检测、磁粉检测、渗透检测等。

①焊缝无损检测方法代号。按照 GB/T 14693—2008《无损检测符号表示法》的规定，我国无损检测方法字母代号见表 2-3。

表 2-3 焊缝无损检测方法代号

检测方法	射线	中子射线	超声波	磁粉	渗透	涡流	声发射	泄漏	目视	测厚
代号	RT	NRT	UT	MT	PT	ET	AET 或 AT	LT	VT	TM

②几种常见无损检测方法的比较，见表 2-4。

③不同材质焊缝无损检测方法的选择，见表 2-5。

④不同能量射线的检测厚度，见表 2-6。

⑤根据缺陷位置选择检测方法，见表 2-7。

表 2-4 几种常见无损检测方法比较

检测方法		项目 检测工件	探测厚度	探出缺陷	判伤方法	灵敏度	探伤结论	主要优点	主要缺点
射线检测	γ射线	金属或非金属工件，无特殊加工要求	取决于射线源的剂量大小，一般为300mm	近表面及内部缺陷	由照相软片观察	通常为厚度的 3%～5%	缺陷的位置、形状及大小的分布情况	与 X 射线检测相比设备轻便，不易损坏，透照厚度范围较大	灵敏度低，曝光时间长，安全防护要求较高，对人体有害
	X射线	100kV		20mm以下钢材				透视灵敏度高，能保持永久性的缺陷记录，不受材料形状限制	费用高，设备较重，不能发现与射线方向垂直的毛发裂纹一类的线性缺陷；透照厚度较 γ 射线检测小
		200kV		65mm以下钢材			可达厚度的 1%		
		300kV		100mm以下钢材					
		400kV		150mm以下钢材					
		500kV		180mm以下钢材					

焊接常见缺陷及处理

项目 检测方法		检测 工件	探测 厚度	探出 缺陷	判伤 方法	灵敏度	探伤 结论	主要 优点	主要 缺点
射线检测	高能 X射线	任何材料和工件，无加工要求	通常在500mm以下，高达100mm	近表面及内部缺陷	由照相软片观察	1%	缺陷的位置、形状及大小的分布情况	穿透能力强，灵敏度高，底片清晰度高	设备复杂，购置、维护费用高，防护要求高，对人体有害
超声波检测		简单形状的任何材料或工件表面粗糙度Ra3.2μm以上者	随材料不同而异，锻钢可达1000mm以上，为现有检测方法中穿透最深的	任何部位的缺陷（表面、内表面、底部）	由图形上信号的变化确定缺陷的有无	灵敏度高且不随工件厚度变化而变化	缺陷的位置、深度、大小与分布情况	适用范围广，灵敏度高，对人体无害，运用灵活，即时可得出检测结果。能对正在运行的设备进行检测	只能检验简单形状的工件，表面要求较高，不能确定缺陷性质及准确的尺寸。其准确程度在一定程度上取决于检测人员的经验，不能保留永久性的检测记录
磁粉检测		铁磁性金属表面粗糙度在Ra1.6μm以上者	原则上不限具体厚度，取决于磁化电流及磁场强度	表面及近表面微小缺陷	由磁粉排列情况直接观察	取决于磁化方法，磁化电流（交、直流）及其大小，缺陷潜伏深度，磁粉粒度、性能及表面粗糙度等因素	缺陷的位置、形状及长度	灵敏度高、速度快，能直接观察缺陷，操作方便	不能检验非磁性材料，不能发现内部缺陷，表面加工要求高，难以确定缺陷深度

项目 检测方法	检测 工件	探测 厚度	探出 缺陷	判伤 方法	灵敏度	探伤 结论	主要 优点	主要 缺点
涡流检测	各种金属工件	不受厚度限制。探测深度取决于交流电在金属中透入深度	表面及近表面缺陷	通过仪表指示，观察涡流的变化以发现缺陷	取决于金属性质及交流电频率	缺陷的位置及范围	—	—
荧光检测	各种金属工件，表面粗糙度在 Ra $3.2\mu m$ 以上者	不受厚度限制	表面微细缺陷（缺陷必须延伸到表面）	通过荧光观察直观缺陷	可发现宽 10^{-4}mm、深 10^{-2} mm 的外表缺陷	表面缺陷的位置、形状、长度	不受工件材料限制，操作方便，设备简单	紫外线照射，产生臭氧，损害眼睛。只能发现露出表面的缺陷
着色检测	金属或非金属工件表面粗糙度在 Ra 1.6 μm 以上者	不受厚度限制	表面缺陷	由试件表面的显现粉上直接观察	稍低于荧光检测，可发现宽不小于 0.01 mm、深 0.03～0.04mm 的缺陷	表面缺陷的位置、形状、长度	不需专门设备，操作简便，耗费最低	灵敏度较低，速度慢，表面粗糙度要求高

表 2-5　不同材质焊缝无损检测方法的选择

检测方法 检测对象		射线检测	超声波检测	磁粉检测	渗透检测	涡流检测
铁素体钢焊缝	内部缺陷	◎	◎	×	×	—
	表面缺陷	△	△	◎	◎	△

检测方法 检测对象		射线检测	超声波检测	磁粉检测	渗透检测	涡流检测
奥氏体钢焊缝	内部缺陷	◎	△	×	×	—
	表面缺陷	△	△	×	◎	△
铝合金焊缝	内部缺陷	◎	◎	×	×	—
	表面缺陷	△	△	×	◎	△
其他金属焊缝	内部缺陷	◎	—	×	×	—
	表面缺陷	△	—	×	◎	△
塑料焊接接头		○	△	×	○	△

注：◎—很合适；○—合适；△—有附加条件合适；×—不合适。

表2-6 不同能量射线的检测厚度

射线种类	能源类别	钢材厚度/mm
X射线	50kV	0.1～0.6
	100kV	1.0～5.0
	150kV	≤25
	250kV	≤60
高能X射线	1MV 静电加速器	25～130
	2MV 静电加速器	25～230
	24MV 电子感应加速器	60～600
γ射线	钴	60～150
	铱192	1.0～65

表2-7 根据缺陷位置选择检测方法

缺陷位置	检测方法和对象	特　点	检　测　条　件
表面和近表面缺陷	超声波表面波法和板波法；适用于金属材料	能发现表面裂纹（如疲劳裂纹），板波法还能发现板内的分层等	要求工件表面粗糙度较小，并去除油污及其他附着物

缺陷位置	检测方法和对象	特　点	检　测　条　件
表面和近表面缺陷	磁粉法：适用于铁磁性材料	能发现表面上细小的磨削裂纹、淬火裂纹、折叠、夹杂物、发纹等，有时也能发现近表面的较大缺陷	工件表面粗糙度小则检测灵敏度也高，如有紧贴的氧化皮或薄层油漆，仍可探伤，对工件形状的限制不严
	渗透法（包括着色法和荧光法）：适用于各种金属和非金属材料	能发现与表面连通的裂纹、折叠、疏松、气孔等	工件表面粗糙度小则检测灵敏度也高，对工件形状无限制，但要求完全去除油污及其他附着物
	涡流法：适用于管、棒、线管型材	对表面缺陷较敏感，能发现裂纹、折叠、夹杂物、凹痕等，也能发现近表面的缺陷	要求工件断面形状固定，组织均匀；由机械装置传送工件通过测量线圈，或使探头环绕工件表面旋转，作螺旋形检查
内部缺陷	射线照相法：适用于一般金属和非金属材料	较易发现铸件和焊缝中的气孔、夹渣、焊透等体积性缺陷，不易发现极薄的层状缺陷和裂纹，故不适用于锻件及轧制的或拉制的型材	对工件表面无特殊要求，但对形状和厚度有一定限制；对钢材的最大透射厚度：用一般 X 射线时约100mm，用 γ 射线时约200mm，用高能加速器时约300mm
	超声纵波法：适用于一般金属，部分非金属材料和粘合层	能发现锻件中的白点、裂纹、夹渣、分层，以及非金属材料中的气泡、分层，粘合层中的粘合不良	表面一般需加工至 $Ra6.3\sim1.6\mu m$，以保证同探头有良好的声耦合，但平整而仅有薄氧化层者也可检测；如采用浸液或水层耦合法则可检查表面粗糙的工件；可测钢材厚（深）度为 1~1.5m

缺陷位置	检测方法和对象	特　点	检　测　条　件
内部缺陷	超声横波法：适用于焊缝、管、棒、锻件等	易发现焊缝中较大的裂纹、未焊透和夹渣等，其次为气孔、点状夹渣等；能发现管、棒和锻件中与表面成一定角度的缺陷	光滑无锈的钢板焊缝，经清除飞溅物后即可检测，通常可检测的厚度为 6mm 以上；管、棒等型材大多需用浸液法，并用机械装置使探头围绕工件作螺旋形扫查；表面粗糙度细则检测灵敏度也高；最小可探直径约 6mm

二、射线检测（RT）

射线检测又叫射线探伤。射线检测是利用 X 射线、γ 射线和高能射线可穿透物质和在物质中具有衰减的特性来发现缺陷的检验方法。根据显示缺陷的方法，又分为电离法、荧光屏观察法、照相法和工业电视法。但目前应用较多、灵敏度高、能识别小缺陷的理想方法是照相法。

射线照相检测焊接产品的主要操作步骤如下：

（1）确定产品检查的要求

对工艺性稳定的批量产品，根据其重要性可以抽查 5%、10%、20%、40%，抽查焊缝位置应在可能或经常出现缺陷的位置、危险断面与应力集中部位。对于制造工艺不稳定而且重要的产品，应对所有焊缝做 100% 的检查。

（2）射线检验设备与器材的选用

常用的检测设备与器材主要有：X 射线探伤机、γ 射线探伤机、加速器、射线胶片、密度计、增感屏和像质计。

①X 射线探伤机　X 射线探伤机（简称 X 射线机）按结构形式可分便携式、移动式和固定式三种。便携式射线探伤机又分定向曝光和周向曝光两种。

X 射线机的分类方法很多，但任何一台 X 射线机都是由 X 射线管、高压发生装置、冷却系统、控制电路及保护电路等几个基本部分组成的。

X射线管是X射线机的核心，它的基本结构是一个具有高真空度的二极管，一般由阴极、阳极和保持高真空度的玻璃外壳构成，如图2-8所示。

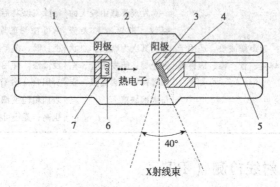

图 2-8　X 射线管的组成
1—灯丝引出线；2—玻璃外壳；3—阳极靶；4—阳极体（铜）；
5—油冷；6—灯丝；7—电子集束筒

移动式 X 射线机中的 X 射线管置于射线柜内，射线柜内用强制循环油进行冷却，循环油用水冷却，高压发生器与 X 射线柜分别为两个独立部分，通过高压电缆相连接，控制柜（操纵台）放在防辐射的操作室，用低压电缆与高压发生器相连接，控制柜用来调节透照电压（kV）、电流（mA）、时间（min），控制柜内装有过载、过电流、过电压和过热保护装置。

a. 移动式 X 射线机一般体积大、质量大。它一般用于车间实验室半固定使用，可对中、厚部件进行检测。由于其管电压较高、管电流大，因此可以透照较厚工件并可以节省透照时间。常用国产移动式 X 射线机的技术数据见表 2-8。

表 2-8　常用国产移动式 X 射线机技术参数

技术参数 \ 型号	TY0530-1	TY1512/4-1	TY1512/4-1	TY2020-1	TY2515	TY4010/4-2
管电压/kV	50	150	150	200	250	400
管电流/mA	30	12（大焦点） 4（小焦点）	12（大焦点） 4（小焦点）	20	15	10（大焦点） 4（小焦点）

型号\技术参数	TY0530-1	TY1512/4-1	TY1512/4-1	TY2020-1	TY2515	TY4010/4-2
焦点尺寸	1.5mm× 1.5mm 或 1.8mm× 1.2mm	2.5mm× 2.5mm 1.0mm× 1.0mm	2.5mm× 2.5mm 1.0mm× 1.0mm	φ10mm 或 6mm× 6mm	4mm× 4mm	4mm× 4mm 1.8mm× 1.8mm
射线角度/ (°)	40±1	—	—	40±1	40	40±1
透照厚度/mm	30 (Al)	20 (Fe铅箔增感) 30 (Fe荧光增感)	—	60 (Fe)	74 (Fe) 200 (Al)	100 (Fe铅箔增感) 120 (Fe荧光增感)
外形尺寸/ (mm×mm× mm)	1830×650 ×1810	1100×900 ×2100	1750×1000 ×1200	2200×2500 ×850	1500×750 ×650	1510×780 ×1940
总质量/kg	250	—	2500	800	500	1800

　　b. 便携式 X 射线机的 X 射线管和高压发生器放在一起,没有高压电缆和整流装置。因此体积小、质量小,适用于流动性检测或对大型设备的现场进行检测。常用国产便携式 X 射线机的技术数据见表 2-9。

表 2-9　常用国产便携式 X 射线机技术参数

	型号\技术参数	TX-1005	TX-1505	TX-2005	TX-2505	TX-3005
输入	电压/V			220		
	频率/Hz			50		
	相数			单相		
	最大容量/ (kV·A)	1	1.2	1.5	1.8	2.5
输出	X射线管两端高压峰值/kV	100	150	200	250	300
	阳极电流 (平均值) /mA			5		

技术参数	型号	TX-1005	TX-1505	TX-2005	TX-2505	TX-3005
射线管	型号	3BEYI-100，5mA	x1505	x2005	x2505	x3005
	焦点尺寸/（mm×mm）	2.3×2.3	2.5×2.5	3×3	3×3	3×3
	射线角度/（°）	38	38	40	40	40
	冷却方式	油浸自冷				
	最大容量最长连续工作时间/min	5				
	透照厚度钢铁①/mm	12	30	43	54	62
体积	控制箱/mm×mm×mm	385×305×179				
	射线柜	φ246mm×406mm	270mm×205mm×600mm	420mm×260mm×650mm	420mm×260mm×670mm	480mm×310mm×865mm
质量	控制箱/kg	22				
	射线柜/kg	23	35	55	63	97

①X射线透照工作时的条件：焦距为600mm，$I=5mA$，上海牌胶片4F，双面荧光增感纸相对黑度为0.8。

X射线机也可按照射线束辐射方向分为定向辐射和周向辐射两种。其中周向辐射X射线机特别适用于管道、锅炉和压力容器的环形焊缝检测。由于一次曝光可以检测整条焊缝，因此工作效率高。

②γ射线探伤机 γ射线探伤机（简称γ射线机）是射线检测设备中的一个重要组成部分。γ射线机以放射性同位素作为γ射线源进行射线检测，因此与X射线机相比较有许多不同的特点。

γ射线机所产生的γ射线能量高、穿透力强、探测厚度大。γ射线机设备较简单、体积小、质量小且不用水电，特别适用于野外现场探伤，在某些特殊场合，如高空、水下、狭窄空间等，尤为适用。γ射线机所产生的γ射线向空间全方位进行辐射，对球罐和环焊缝可进行全景曝光和周向曝光，可极大地提高工作效率。此外，γ射线机不易损坏、设备故障率低，可以连续使用，性能稳定且不受外界条件的影响。

γ射线机的主要缺点有：所辐射的射线能量单一或集中在几个波长，不能根据试件厚度进行调节，只能适用于一定厚度范围的材料。γ射线机清晰度一般比X射线机大，在同样的检测条件下，灵敏度稍低于X射线机。γ射线机所选用的γ射线源都有一定的半衰期，有些半衰期短的射源如Ir192，射线源的更换频繁，γ射线源的放射性辐射不受人为因素的控制，因此对安全防护的要求和管理更加严格。

③加速器　在工业射线检测中一般X射线机的管电压不超过450kV，常用γ射线源的能量不超过2MeV，这种能量范围的射线不适于透照较厚的材料，透照较厚的材料需要更高能量的射线。在工业射线检测中一般采用加速器产生更高能量的射线。加速器是带电粒子加速器的简称。基本原理是利用电磁场加速带电粒子，从而使其获得高能量的装置。目前用于工业射线检测产生高能X射线的加速器主要有电子感应加速器、电子直线加速器、电子回旋加速器。

④射线胶片　射线胶片是一张可以弯曲的透明胶片（一般由醋酸纤维或硝酸纤维制成），两面涂以混于乳胶液中的溴化银或氯化银，涂层很薄（一般为$10\mu m$），涂上的溴化银（或氯化银）要求颗粒度小，粒度直径约为$1\sim5\mu m$，并与软片平行且均匀分布。在选择胶片时，应考虑以下几个方面：胶片的衬度；胶片的粒度；胶片的灰雾度；药膜（乳剂层）是否均匀，以及是否有缺欠。

为了得到较高的透照质量和较高的底片灵敏度，应选用高衬度、细颗粒、低灰雾度胶片。工业X射线胶片技术参数见表2-10。

表2-10　工业X射线胶片技术参数

胶片系统等级和分类		粒度/μm	感光度	对比度	对应胶片					适用范围
					天津	Agfa	Kodak	Fuji	Do Pont	
C1	T1	很细 0.07~0.25	很慢 4.1~10.1	很高 4.0~8.0	—	D2 D3	SR DR R	25 50	NDT 35 45	检查铝合金，铅屏增感或不增感
C2										
C3	T2	细 0.27~0.46	慢 1.6~2.85	高 3.7~7.5	V	D4 D5	M MX T	59 80	NDT 55	检查细裂纹，也用来检查轻金属
C4										

胶片系统等级和分类		粒度/μm	感光度	对比度	对应胶片					适用范围
					天津	Agfa	Kodak	Fuji	Do Pont	
C5	T3	中 0.57～0.66	中 1.0	中 3.5～6.8	Ⅲ	D7 C7	AX AA CX	100	NDT 65 70	检查钢焊缝
C6	T4	粗 0.67～1.05	快 0.6～0.7	低 3.0～6.0	Ⅱ	D8 D10	RP	150 400	NDT 75 89	采用荧光增感检验厚件，弥补射线穿透能力的不足

⑤观片灯和光学密度计　观片灯的主要性能应符合 GB/T 19802—2005《无损检测 工艺射线照相观片灯 最低要求》的有关规定，光学密度计测量的最大黑度应大于 4.5，测量值的误差不超过 ±0.5，光学密度计至少每 6 个月校验一次。

⑥增感屏　在使用增感屏的情况下，可大大减少曝光时间，从而提高检测速度。现广泛应用的是金属增感屏。选择增感屏应满足以下要求：厚度均匀，杂质少，增感效果好；表面平整光滑、无划伤、皱折及污物；有一定刚度，不易损伤。

使用时必须将增感屏与胶片贴紧，否则会降低增感效果，或因接触程度不同，产生底片黑度不均匀和增加底片灰雾度；增感屏应存放在干燥地方，用前要检查表面有无尘埃、污点、伤痕，使用中小心爱护，保持整洁，经常用脱脂棉蘸纯酒精擦拭。

金属增感屏的选用见表 2-11。

表 2-11　金属增感屏的选用

射线种类	增感屏材料	前屏厚度/mm	后屏厚度/mm
＜120kV	铅	—	≥0.10
120～250kV	铅	0.025～0.125	≥0.10
250～500kV	铅	0.05～0.16	≥0.10
1～3MeV	铅	1.00～1.60	1.00～1.60

続表

射线种类	增感屏材料	前屏厚度/mm	后屏厚度/mm
3～8MeV	铅、铜	1.00～1.60	1.00～1.60
8～35MeV	铅、钨	1.00～1.60	1.00～1.60
Ir192	铅	0.05～0.16	≥0.16
Co60	铅、铜、钢	0.50～2.00	0.25～1.00

⑦像质计和检验级别　评价射线照相质量的重要指标是灵敏度，一般用工件中能被发现的最小缺欠尺寸或其在工件厚度上所占百分比表示。由于预先无法了解射线穿透方向上的最小缺欠尺寸，必须用已知尺寸的人工"缺欠"——像质计来度量。这样可以在给定的射线检测工艺条件下，底片上显示出人工"缺欠"影像，以获得灵敏度的概念，还可以检测底片的照相质量。用像质计得到的灵敏度并非是真正发现的实际缺欠的灵敏度，而只是用来表征对某些人工"缺欠"（如金属丝等）发现的难易程度，但它完全可以对影像质量作出客观的评价。

像质计有线型、孔型和槽型三种，不同材料的像质计适用的工件材料范围按表 2-12 的规定。

表 2-12　不同材料的像质计适用的工件材料范围

像质计材料代号	Fe	Ni	Ti	Al	Cu
像质计材料	碳钢、奥氏体不锈钢	镍-铬合金	工业纯钛	工业纯铝	纯铜
适用的工件材料	碳钢、低合金钢、不锈钢	镍、镍合金	钛、钛合金	铝、铝合金	铜、铜合金

底片上影像的质量与射线照相技术和器材有关，按照采用的射线源种类及其能量的高低、胶片类型、增感方式、底片黑度、射源尺寸和射源与胶片距离等参数，可以把射线照相技术划分为若干个质量级别。例如 GB/T 3323—2005《金属熔化焊焊接接头射线照相》标准中就把射线照相技术的质量分为 A 级和 B 级，质量级别顺次增高，因此可根据产品的检验要求来选择合适的检测级别，其中 A 级为普通级、B 级为优化级，当 A 级灵敏度不能满足检测要求时，应采用 B 级透照技术。不同检验级别和透照厚度应达到的线型像质计数值

(GB/T 3323—2005) 见表 2-13。

表 2-13 不同检验级别和透照厚度应达到的线型像质计数值 (GB/T 3323—2005)

像质计数值		公称厚度 t/mm		穿透厚度 w/mm			
应识别的丝号	应识别的孔径/mm	单壁透照（A级）	单壁透照（B级）	双壁双影（A级）	双壁双影（B级）	双壁单影或双影（A级）	双壁单影或双影（B级）
		像质计（IQI）置于射源侧		像质计（IQI）置于射源侧		像质计（IQI）置于胶片侧	
W19	0.050	—	$t \leqslant 1.5$	—	$w \leqslant 1.5$	—	$w \leqslant 1.5$
W18	0.063	$t \leqslant 1.2$	$1.5 < t \leqslant 2.5$	$w \leqslant 1.2$	$1.5 < w \leqslant 2.5$	$w \leqslant 1.2$	$1.5 < w \leqslant 2.5$
W17	0.80	$1.2 < t \leqslant 2.0$	$2.5 < t \leqslant 4.0$	$1.2 < w \leqslant 2.0$	$2.5 < w \leqslant 4.0$	$1.2 < w \leqslant 2.0$	$2.5 < w \leqslant 4.0$
W16	0.100	$2.0 < t \leqslant 3.5$	$4.0 < t \leqslant 6.0$	$2.0 < w \leqslant 3.5$	$4.0 < w \leqslant 6.0$	$2.0 < w \leqslant 3.5$	$4.0 < w \leqslant 6.0$
W15	0.125	$3.5 < t \leqslant 5.0$	$6.0 < t \leqslant 8.0$	$3.5 < w \leqslant 5.0$	$6.0 < w \leqslant 8.0$	$3.5 < w \leqslant 5.0$	$6.0 < w \leqslant 12$
W14	0.16	$5.0 < t \leqslant 7.0$	$8.0 < t \leqslant 12$	$5.0 < w \leqslant 7.0$	$8.0 < w \leqslant 15$	$5.0 < w \leqslant 10$	$12 < w \leqslant 18$
W13	0.20	$7.0 < t \leqslant 10$	$12 < t \leqslant 20$	$7.0 < w \leqslant 12$	$15 < w \leqslant 25$	$10 < w \leqslant 15$	$18 < w \leqslant 30$
W12	0.25	$10 < t \leqslant 15$	$20 < t \leqslant 30$	$12 < w \leqslant 18$	$25 < w \leqslant 38$	$15 < w \leqslant 22$	$30 < w \leqslant 45$
W11	0.32	$15 < t \leqslant 25$	$30 < t \leqslant 35$	$18 < w \leqslant 30$	$38 < w \leqslant 45$	$22 < w \leqslant 38$	$45 < w \leqslant 55$
W10	0.40	$25 < t \leqslant 32$	$35 < t \leqslant 45$	$30 < w \leqslant 40$	$45 < w \leqslant 55$	$38 < w \leqslant 48$	$55 < w \leqslant 70$
W9	0.50	$32 < t \leqslant 40$	$45 < t \leqslant 65$	$40 < w \leqslant 50$	$55 < w \leqslant 70$	$48 < w \leqslant 60$	$70 < w \leqslant 100$
W8	0.63	$40 < t \leqslant 55$	$65 < t \leqslant 120$	$50 < w \leqslant 60$	$70 < w \leqslant 100$	$60 < w \leqslant 85$	$100 < w \leqslant 180$
W7	0.80	$55 < t \leqslant 85$	$120 < t \leqslant 200$	$60 < w \leqslant 85$	$100 < w \leqslant 170$	$85 < w \leqslant 125$	$180 < w \leqslant 300$
W6	1.00	$85 < t \leqslant 150$	$200 < t \leqslant 350$	$85 < w \leqslant 120$	$170 < w \leqslant 250$	$125 < w \leqslant 225$	$w > 300$
W5	1.25	$150 < t \leqslant 250$	$t > 350$	$120 < w \leqslant 220$	$w \geqslant 250$	$225 < w \leqslant 375$	—
W4	1.60	$t > 250$	—	$120 < w \leqslant 380$	—	$w > 375$	—
W3	2.00	—	—	$w > 380$	—	—	—
W2	2.50	—	—	—	—	—	—
W1	3.20	—	—	—	—	—	—

不同检验级别和透照厚度应达到的阶梯孔型像质计数值（GB/T 3323—2005）见表2-14。

表 2-14　不同检验级别和透照厚度应达到的阶梯孔型像质计数值（GB/T 3323—2005）

像质计数值		公称厚度 t/mm		穿透厚度 w/mm			
应识别的丝号	应识别的孔径/mm	单壁透照（A级）	单壁透照（B级）	双壁双影（A级）	双壁双影（B级）	双壁单影或双影（A级）	双壁单影或双影（B级）
		像质计（IQI）置于射源侧		像质计（IQI）置于射源侧		像质计（IQI）置于胶片侧	
H1	0.125	—		—		—	
H2	0.160	—	$t\leqslant2.5$	—	$w\leqslant1.0$	—	$w\leqslant2.5$
H3	0.200	$t\leqslant2.0$	$2.5<t\leqslant4.0$	$w\leqslant1.0$	$1.0<w\leqslant2.5$	$w\leqslant2.0$	$2.5<w\leqslant5.5$
H4	0.250	$2.0<t\leqslant3.5$	$4.0<t\leqslant8.0$	$1.0<w\leqslant2.0$	$2.5<w\leqslant4.0$	$2.0<w\leqslant5.0$	$5.5<w\leqslant9.5$
H5	0.320	$3.5<t\leqslant6.0$	$8.0<t\leqslant12$	$2.0<w\leqslant3.5$	$4.0<w\leqslant6.0$	$5.0<w\leqslant9.0$	$9.5<w\leqslant15$
H6	0.400	$6.0<t\leqslant10$	$12<t\leqslant20$	$3.5<w\leqslant5.5$	$6.0<w\leqslant11$	$9.0<w\leqslant14$	$15<w\leqslant24$
H7	0.500	$10<t\leqslant15$	$20<t\leqslant30$	$5.5<w\leqslant10$	$11<w\leqslant20$	$14<w\leqslant22$	$24<w\leqslant40$
H8	0.630	$15<t\leqslant24$	$30<t\leqslant40$	$10<w\leqslant19$	$20<w\leqslant35$	$22<w\leqslant36$	$40<w\leqslant60$
H9	0.800	$24<t\leqslant30$	$40<t\leqslant60$	$19<w\leqslant35$	—	$36<w\leqslant50$	$60<w\leqslant80$
H10	1.00	$30<t\leqslant40$	$60<t\leqslant80$	—	—	$50<w\leqslant80$	—
H11	1.250	$40<t\leqslant60$	$80<t\leqslant100$	—	—	—	—
H12	1.600	$60<t\leqslant100$	$100<t\leqslant150$	—	—	—	—
H13	2.000	$100<t\leqslant150$	$150<t\leqslant200$	—	—	—	—
H14	2.500	$150<t\leqslant200$	$200<t\leqslant250$	—	—	—	—
H15	3.200	$200<t\leqslant250$	—	—	—	—	—
H16	4.000	$250<t\leqslant320$	—	—	—	—	—
H17	5.000	$320<t\leqslant400$	—	—	—	—	—
H18	6.300	$t>400$	—	—	—	—	—

（3）射线照相法检测

①射线源及能量的选择　焊缝射线照相检测是利用 X（或 γ）射线源发出的具有穿透性的辐射线穿透焊缝后使胶片感光的。射线的能量和射线源的尺寸是射线照相检测法的主要参数，射线能量决定着穿透工件的厚度，能量越大穿透工件的厚度越厚，表 2-15 列出 γ 射线和 1MeV 以上 X 射线对钢、铜和镍基合金材料所适用的穿透厚度范围。射线源的尺寸决定着底片上缺欠影像的清晰程度，尺寸越小缺欠影像越清晰。

表 2-15　γ 射线和 1MeV 以上 X 射线对钢、铜和镍基合金材料
所适用的穿透厚度范围（摘自 GB/T 3323—2005）

射线种类		穿透厚度 w/mm	
		A 级	B 级
Tm170		$w \leqslant 5$	$w \leqslant 5$
Yb169[①]		$1 \leqslant w \leqslant 15$	$2 \leqslant w \leqslant 12$
Se75[②]		$10 \leqslant w \leqslant 40$	$14 \leqslant w \leqslant 40$
Ir192		$20 \leqslant w \leqslant 100$	$20 \leqslant w \leqslant 90$
Co60		$40 \leqslant w \leqslant 200$	$60 \leqslant w \leqslant 150$
X 射线/MeV	$1 \sim 4$	$30 \leqslant w \leqslant 200$	$50 \leqslant w \leqslant 180$
	$>4 \sim 12$	$w \geqslant 50$	$w \geqslant 80$
	>12	$w \geqslant 80$	$w \geqslant 100$

①对铝和钛的穿透厚度为：A 级时，$10mm < w < 70mm$；B 级时，$25mm < w < 55mm$。
②对铝和钛的穿透厚度为：A 级时，$35mm \leqslant w \leqslant 120mm$。

一般是在能保证穿透工件使胶片感光的前提下，尽量选用低的射线能量，以提高缺欠影像的反差。

②焦点、焦距的选择

a. 射线焦点。X 射线检测的焦点是指 X 射线管内阳极靶上发出的 X 射线范围。γ 射线的焦点，是指射线源的大小。射线焦点的大小对检测取得的底片清晰度影响很大，因而影响检测的灵敏度。

由点状焦点摄得的底片，其缺欠影像有最高的清晰度。如果焦点占有一定的面积，那么焦点内每一个点都成为射线源，并且将在底片

上得到若干个缺欠的投影。为了提高影像的清晰度,应当减小焦点的尺寸或增加焦点到工件的距离,并尽量把底片贴紧工件。

焦点的尺寸取决于设备,在检测中是不可改变的因素。

b. 焦距。焦距是指焦点到暗盒之间的距离,焦点小或焦距长可提高底片的清晰度。在射线源选定后,底片的清晰度还可以由焦距来改变。为保证射线照相的清晰度,标准对透照距离的最小值做出了限制。在我国现行标准 NB/T 47013.2—2015《承压设备无损检测 第2部分:射线检测》标准中,规定透照距离 f 与焦点尺寸 d 和透照厚度 b 之间应满足以下关系。

像质等级	透照距离 f
A 级	$L_1 \geqslant 7.5d \cdot b^{2/3}$
AB 级	$L_1 \geqslant 10d \cdot b^{2/3}$
B 级	$L_1 \geqslant 15d \cdot b^{2/3}$

由于焦距 $F = f + b$,因此上述关系式也就限制了 F 的最小值。

在实际的射线照相检验工作中,确定焦距最小值常采用诺模图。用这个图可以直接查出确定条件下的焦距最小值。图 2-9 为 AB 级的诺模图,使用方法如下:

• 在 d 线、f 线上分别找到焦点尺寸和透照厚度对应的点;

• 用直线连接这两个点;

• 直线与 f 线的交点即为透照距离 f 的最小值,而焦距的最小值即为 $F_{min} = f + b$。

上面仅是根据射线照相灵敏度要求的几何不清晰度确定的焦距最小值。实际透照时一般并不采用最小焦距值,所用的焦距比最小焦距大得多。

焦距增大后,匀强透照区的范围增大,这样可以得到较大的有效透照长度,同时影像清晰度也进一步提高。

但是焦距不能太大,否则将对灵敏度产生不利影响。

确定焦距选用原则如下。

ⅰ. 所选取的焦距必须满足射线照相对几何清晰度的要求。

ⅱ. 所选取的焦距应使给出的适当大小的透照区内的射线强度比

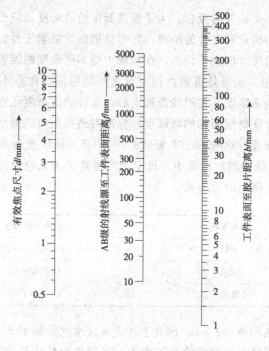

图 2-9　AB 级射线检测技术确定焦点至工件表面距离的诺模图

较均匀，或透照厚度变化不致太大，即满足透照厚度比 K 值的要求。

ⅲ. 所选取的焦距应兼顾曝光时间及工作效率。

原则ⅰ限定了焦距的最小值，原则ⅱ、ⅲ指导如何确定满足实用的焦距值。

在实际射线照相检测中进行焦距选择时可根据客观条件的侧重点不同作如下考虑。

• 射线机的焦点尺寸。如果使用的射线源焦点较大时，可选用较大的焦距。

• 源的射线强度和胶片感光度。如果使用的 X 射线机管电流较大或同位素源的放射性活度较大，或选用的 X 射线胶片感光度也较大时，可先用比较大的焦距。

• 被检工件数量、形状和尺寸。若每次透照零件的形状和尺寸相同，且数量较多时，可选用较大焦距，以增大透照场面积，使所有工件都在一次透照中完成检测工作。在透照较大工件时，为分清工件各部分相互关系和尺寸，可提高焦距以增大透照面积，尽量一次透照完成。

总之，选用焦距时应首先满足最小焦距要求，至于采用多大的焦距应根据工件和选择的透照方法，按以上原则的具体情况进行综合分析，以满足灵敏度的要求。在此必须强调指出，为了采用较大焦距，用提高管电压的办法来弥补曝光时间的增加，这种做法是错误的，会严重降低灵敏度。

③曝光量的选择与修正

a. 曝光量的推荐值。曝光量定义为射线源发出的射线强度与照射时间的乘积。对于 X 射线来说，曝光量是指管电流 I 与照射时间 t 的乘积（$E=It$）；对于 γ 射线来说，曝光量是指放射源活度 A 与照射时间 t 的乘积（$E=At$）。为保证射线照相质量，曝光量应不低于某一最小值。推荐使用的曝光量见表 2-16。

表 2-16　X 射线照相推荐的曝光量

技术等级	胶片类型	曝光量/mA · min
高灵敏度	T1 或 T2	30
中等灵敏度	T3	20
一般灵敏度	T4	15

注：推荐值指焦距为 700mm 时的曝光量；当焦距改变时可按平方反比定律对曝光量的推荐值进行换算。

b. 利用胶片特性曲线的曝光量修正计算。利用胶片特性曲线可进行一些其他类型的曝光量修正计算，现介绍如下。

ⅰ. 底片黑度改变的曝光量修正。在其他条件保持一定的情况下，如需改变底片黑度，可根据胶片特性曲线上黑度的变化与曝光量的对应关系，对原曝光量进行修正。

ⅱ. 胶片类型改变的曝光量修正。当使用不同类型胶片进行透照而需达到与原胶片一样的黑度时，可利用这两种胶片的特性曲线按达到同一黑度时的曝光量之比来修正原曝光量。

④射线照相的透照方式　在射线照相检测中，为了彻底反映焊接接头内部缺欠存在的情况，应根据工件的几何形状和尺寸、射线源、被检焊缝和胶片之间的位置关系等来采取不同的透照方式（或称

透照布置）。标准 GB/T 3323—2005《金属熔化焊焊接接头射线照相》规定了如图 2-10 所示的各种透照布置。

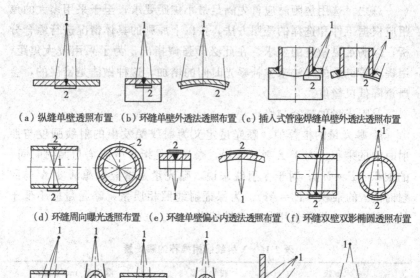

（a）纵缝单壁透照布置 （b）环缝单壁外透法透照布置 （c）插入式管座焊缝单壁外透法透照布置

（d）环缝周向曝光透照布置 （e）环缝单壁偏心内透法透照布置 （f）环缝双壁双影椭圆透照布置

（g）环缝双壁双影
垂直透照布置 （h）环缝双壁单影法
的透照布置（像质计
位于胶片侧） （i）角焊缝透照布置 （j）不等厚对接焊
缝多胶片透照布置

图 2-10　射线照明透照布置图例
1—射线源；2—胶片

（4）射线检测条件和时机

对接焊接接头的表面应经外观检测并评定合格后，方可进行射线检测。表面的不规则状态在底片上的影像应不掩盖或不干扰缺陷影像。

除非另有规定，射线检测应在焊后进行。对有延迟裂纹倾向的材料，应在焊接完成至少 24h 后进行射线检测。

（5）射线检测评片要求

①环境　评片一般在专用评片室内进行，评片室应整洁、安静，温度适宜，光线暗且柔和。

②暗适应　评片人员在评片前应经历一定的暗适应时间。从阳光

下进入评片室的暗适应时间一般为 5～10min，从一般室内进入评片室的暗适应时间应不少于30s。

③亮度及宽度　评片时，底片评定范围的亮度应符合下列规定：当底片评定范围内的黑度≤2.5时，透过底片评定范围内的亮度应不低于 30cd/m² ；当底片评定范围内的黑度>2.5时，透过底片评定范围内的亮度应不低于 10cd/m² ；当底片评定范围的宽度一般为焊缝本身及焊缝两侧 5mm 宽的区域。

（6）缺陷识别基础

准确识别缺陷影像并判断缺陷性质主要依靠对射线底片上缺陷影像特征的分析，另外也依靠对被检测产品的材料质、几何结构和工艺特点的了解，从理论上进行分析判断。

射线底片上缺陷影像的特征，是表征缺陷影像的关键因素，底片上某些缺陷影像有非常明显的特征，而另一些会有细微的差别。根据影像特征识别缺陷，可依据以下三个方面的观察进行分析判断。

①影像的几何形状　不同性质的缺陷具有不同的几何形状。气孔一般是球形或椭球形；夹渣多为不规则形状；裂纹多为宽度很小、曲折变化的缝隙；未焊透、未熔合多为层面状等。射线底片上缺陷影像是缺陷几何形状在底片上的平面投影，因此底片上影像的几何形状与实际缺陷的几何形状密切相关。影像的几何形状常常是判断缺陷性质最重要的依据。缺陷识别首先从影像的几何形状作出初步判断，之后再作进一步分析。影像几何形状的分析判断应观察、分析以下三个方面：单个或局部影像的几何形状；多个或整体影像的几何形状及分布特征；影像轮廓线的特征。

不同缺陷在上述三个方面具有不同特点，即使是同一缺陷，对于不同的透照布置、不同的透照方式，在射线底片上形成的影像的几何形状也会发生变化。例如气孔可能呈现圆形或椭圆形，裂纹可能呈现为鲜明曲折的细线，也可能呈现为模糊的片状影像。因此，在观察分析影像的几何形状时，要注意考虑缺陷几何形状的投影关系以及在投影过程中可以引起的影像几何形态以及影像轮廓线的变化。

②影像的黑度及分布　影像黑度及其分布变化是判断影像性质的另一个重要依据。不同性质的缺陷内在特质不同，气孔、裂纹内部是各种不同的气体，夹渣、夹杂物内部是不同于工件母材的其他物质。

这些特质具有不同的线衰减系数。透照后形成了黑度不等的影像，因而黑度及其分布与变化成为分析判断影像缺陷性质的又一重要特征。在分析影像黑度特征时，应着重观察分析以下三个方面：影像本身的黑度或平均黑度；影像各部分的黑度变化及分布特点；不同影像之间、影像与工件本身之间黑度的差别及相对高度。

在缺陷几何形状相近时，黑度及其分布特点则是判断影像性质的重要依据。缺陷本身黑度的变化不仅与内部材质的变化有关，也与缺陷几何形状及在透照方向上厚度的变化有关。例如气孔呈球形或椭球形，透照时，中心厚度逐渐向边缘变化，因此成像后往往是中心黑度大、逐渐向边缘变淡的圆形或椭圆形黑点；而未焊透中含有夹渣时，由于内含物质的变化，则会使影像的黑度沿长度及宽度方向变化。

③缺陷影像在底片上的位置　缺陷影像在底片上的位置是缺陷在工件中位置的投影反映，也与缺陷的性质有关。因此，缺陷影像位置是判断影像缺陷性质的另一依据。缺陷在工件中呈现的位置具有一定的规律，某些性质的缺陷只能出现在工件的特定位置上。例如，焊缝中的根部未焊透一般出现在焊缝的中心线上，而铸件中的缩孔常出现在壁厚变化较大的部位。对这类性质的缺陷，影像位置是识别缺陷的重要依据。

实际底片评定中影像性质的识别，应综合分析上述特征，最后作出缺陷性质的判断。

（7）缺陷影像的识别

焊缝中常见的缺陷有裂纹、气孔、夹渣、未熔合和未焊透、形状缺陷（如咬边）等，这些常见的焊接缺陷在射线照相底片上的影像特征及典型影像见表 2-17。

表 2-17　底片上常见焊接缺陷影像特征及典型影像

种类	影像特征	典　型　影　像
气孔	多数为圆形、椭圆形黑点。其中心黑度较大，也有针状、柱状气孔。其分布情况不一，有密集的、单个的和链状的	$\delta=18\text{mm}$焊条电弧焊

种类	影像特征	典型影像
夹渣	形状不规则，有点、条、块等，黑度不均匀。一般条状夹渣都与焊缝平行，或与未焊透、未熔合等混合出现	δ=10mm焊条电弧焊
未焊透	在底片上呈现规则的、直线状的黑色线条，常伴有气孔或夹渣。在 X、V 形坡口的焊缝中，根部未焊透都出现在焊缝中间，K 形坡口则偏离焊缝中心	δ=10mm焊条电弧焊
未熔合	坡口未熔合的影像一般一侧平直，另一侧有弯曲，黑度淡而均匀，时常伴有夹渣。层间未熔合影像不规则，且不易分辨	δ=10mm焊条电弧焊
裂纹	一般呈直线或略带锯齿状的细纹，轮廓分明，两端尖细，中部稍宽，有时呈现树枝状影像。裂纹可能是横向的，也可能是纵向的	δ=10mm焊条电弧焊 δ=10mm埋弧焊
夹钨	夹钨表现为非常亮的区域或不规则亮斑点，且轮廓清晰。这是因为钨的密度大于周围材料的密度	δ=13mm焊条电弧焊

种类	影像特征	典 型 影 像
咬边	在底片的焊缝边缘（焊趾处）或焊根影像边缘（焊趾处），靠母材侧呈现粗短的黑色条状影像。黑度不均匀，轮廓不明显，两端无端角	 δ=6.5mm焊条电弧焊
焊瘤	在底片上多出现在焊趾线外侧，光滑完整的白色半圆形的影像	 ϕ60mm×3.5mm焊条电弧焊
烧穿	在底片的焊缝影像中，其形状多为不规则的圆形，黑度大而不均匀，轮廓清晰	 ϕ32mm×3mm等离子弧焊

　　判断照相底片上的焊接缺陷影像时，要及时发现可能出现的各种伪缺陷，否则将会产生误判，影响焊缝质量的准确评定。焊缝射线透视底片上出现的各种伪缺陷的产生原因及在底片上的特征见表 2-18。

表 2-18　各种伪缺陷产生的原因及在底片上的特征

底片上伪缺陷特征		产生原因	防止措施
暗黑阴影	细微杂色斑点雾翳	底片陈旧	采用新底片
	底片边缘或角上有雾翳	暗盒不严密	修理或更新暗盒
	雾翳均布底片	①安全灯太亮 ②底片陈旧 ③显影时间过长	①调整安全灯亮度 ②用新底片 ③按规定显影
	暗黑色斑点或条纹	被金属粒或金属盐污染	避免用金属容器或低质量搪瓷器具盛定影液

	底片上伪缺陷特征	产生原因	防止措施
暗黑阴影	暗黑色线条或裂纹	铅箔上有抓痕或裂纹	更换铅箔
	暗黑色指纹印	在显影前沾有化学物的手指接触了底片	暗室操作过程中使用底片夹
	暗黑色圆圈或珠状痕迹	在显影前溅上显影液滴	显影时要小心操作
	暗黑色分支线及黑色斑点	静电放电感光	避免底片之间互相摩擦滑动
	有像大理石花纹的暗色斑点或区域	定影不足	延长定影时间或更换新鲜定影液
淡色阴影	淡色斑点或条纹	显影前底片沾上了油脂或显影液中有油脂	保存好显影液；小心操作
	淡色区域呈新月状	①底片在感光前受弯曲 ②废旧定影液污染底片	①暗室操作时提底片的某个角处 ②洗净底片夹
	淡色斑点或线条	增感屏上有斑点或裂纹	用无碱肥皂清洗或换新增感屏
	淡色圆环片	显影过程有气泡	显影时搅动显影液
	淡色斑点或区域	在底片与增感屏之间夹有灰尘或纸片	装片前仔细检查暗盒；清除增感屏灰尘
	淡色指纹印	显影前手指上的油污沾污了底片	先洗手，然后再拿底片
	淡色圆形斑点	显影前底片上溅有定影液或水滴	在暗室里工作要小心仔细
其他缺陷	带黑色边的小凹陷	细菌作用，通常发生在热带地区	避免在闷热空气中干燥或用太热的水冲洗
	曝晒色	感光后在非安全的光束下暴露过	检查灯光是否是安全灯光
	木纹状或墙砖状阴影等	底片感光前受到射线的辐射	底片存放应与射线隔离

	底片上伪缺陷特征	产生原因	防止措施
其他缺陷	网状花纹	显影、清洗、定影、冲洗槽温差太大	使各道工序中槽温均匀
	轮廓清楚的暗色或淡色区域	显影液在底片上流动不均匀	底片应均匀浸入，不时搅动显影液
	波纹状大理石花纹在感光区密度减小，在淡色区密度增大	显影过程中搅动不均匀	显影时要均匀搅动显影液

（8）探伤结果评定

探伤结果评定之前，先对底片质量进行确认，看其像质指数、底片黑度、识别标记及伪缺陷影像等指标是否达到标准要求，然后观察合格的底片，根据缺陷性质和数量进行焊缝质量评级。

锅炉产品射线检测应执行 GB/T 3323—2005《金属熔化焊焊接接头射线照相》中的质量分级标准；压力容器产品则执行 NB/T 47013—2015《承压设备无损检测》标准。

三、超声波检测（UT）

超声波检测是用超声波对金属内部缺陷做无损测量的一种检测方法。超声波是弹性介质中的机械振荡，以波的形式在材料介质内传播。声波通常以其波动频率和人耳可闻频率加以区分。一般人耳可闻的声波在 20Hz～20kHz 范围内，低于或高于此范围的声波人耳不可闻。低于 20Hz 的声波为次声波，高于 20Hz 的声波为超声波。用于金属材料超声波探伤的常用频率为（0.5～20）MHz。超声波能在任何介质内传播，但不能在真空中传播。由于超声波的波长较短，在固体中传播时，传播能量较大。

（1）超声波的发生和接收

产生超声波的方法有机械法、热学法、电动力法、磁滞伸缩法和压电法等。其中，压电法产生超声波较其他方法简单，且用很小的功率就能发生很高频率的超声波；另外，压电法制成的检测仪结构灵巧、工作方便，并能满足检测所要求的工作频率的变化。因此，超声波检测中大多采用压电法来产生超声波。

压电法是利用压电晶体来产生超声波的，这种晶体具有压电效应和逆压电效应。当对某些晶体施加一定方向的机械力（拉、压），使其产生弹性变形时，在晶体受力方向的两面上，就会产生符号相反的电荷，此现象称为正压电效应。该晶体称为压电晶体。这种过程是可逆的，其逆过程称为逆压电效应，如图 2-11 所示。另外，在压电晶体的一定面上施加高频交变电压，在相应的方向上晶体就会发生交变的伸长与压缩变形，当晶体变形而振动时，其表面就发出了与施加电压相同频率的声波，若所加电压的频率在 20kHz 以上，即产生超声振荡，形成超声波。常用的压电晶体材料有石英、硫酸锂和钛酸钡等。

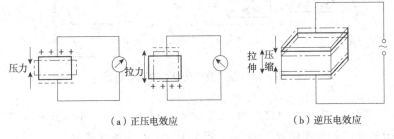

（a）正压电效应　　　　　　　　　　（b）逆压电效应

图 2-11　超声波的发生与接收

超声波检测仪中超声波的产生和接收，是利用超声波探头中压电晶片的压电效应来实现的。由超声波检测仪产生的电振荡，以高频电压形式加于探头中的压电晶片两面电极上，由于逆压电效应的结果，晶片会在厚度方向产生伸缩变形的机械振动。若压电晶片与焊件表面有较好耦合时，机械振动就以超声波形式进入被检焊件传播，这就是超声波的产生。反之，当晶片受到超声波作用而产生持续的伸缩变形时，正压电效应又会使晶片两表面产生不同极性电荷，形成超声频率的高频电压，以回波电信号形式经检测仪显示，这就是超声波的接收。

（2）超声波探伤仪、探头与试块

①超声波探伤仪　目前工业上使用最广泛的超声波探伤仪是脉冲反射法 A 型显示形式，它是利用焊缝及母材的正常组织与焊缝中的

缺陷具有不同的声阻抗（材料密度与声速的乘积）和声波在不同的声阻抗的异质界面上会产生反射的原理来发现缺陷的。

超声波探伤仪由机体和探头两部分组成。机体内主要由同步电路、扫描电路、发射电路、接收放大电路、时标电路和示波器电路等部分组成（见图2-12）。仪器的主要参数有探伤频率，增益、衰减、发射脉冲、频率宽带等。在示波器的CRT屏幕上，横坐标代表超声波传播时间，纵坐标代表脉冲高度。

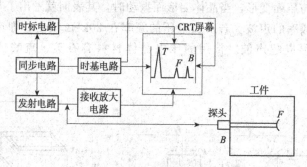

图 2-12　超声波探伤仪的电路方框图

国产 CTS-22、CTS-23、CTS-24、J15-5、J15-6 等均属于 A 型显示脉冲反射式探伤仪。表 2-19 所示为它们的主要技术参数。

表 2-19　通用超声波探伤仪主要参数

型号	工作频率/MHz	衰减器/dB	探测范围/mm	分辨/mm
CTS-22	0.5～10	0～80	10～1200	3
CTS-23	0.5～20	0～90	5～5000	1.2
CTS-24	0.5～25	0～110	5～1000	
JIS-5	1～15	0～80	10～3000	
JIS-6	1～15	0～101	10～3000	

近年已开发出参数显示、彩色显像和缺陷自动记录等超声波探伤仪，如 SMART-20、CTS-8010、TIS-7 等型号超声波探伤仪。

②超声波探头　在超声波检测中，超声波的产生和接收过程是能量转换的过程，这种转换是通过探头实现的。探头起着将电能转换为

超声能（发射超声波）和将超声能转换为电能（接收超声波）的作用。所以探头是一种声电换能器，它由压电晶片、透声楔块和吸收阻尼组成。有各种形式的探头，若按在被探材料中的传播的波型分有直立的纵波探头（简称直探头）以及斜角的横波、表面波、板波探头（即斜探头）；按与被探材料的耦合方式分有直接接触式探头和液（水）浸探头。此外，还按工作的频谱分有宽频谱的脉冲波探头和窄频谱的连续波探头，以及在特殊条件下使用的探头，如高温探头，狭窄探伤面用的微型探头等。图2-13示出直探头和斜探头的结构。

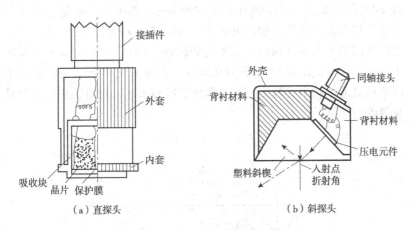

图2-13　超声波检测探头结构

a. 直探头。直探头是波束垂直于被探工件表面入射的探头。它用来发射和接收纵波，一般用于手工操作接触检测，既适于单探头反射法，也适于双探头穿透法。由于纵波在技术上发射和接收都较容易，且穿透能力强，因此适用于厚件如钢坯、铸件和锻件的内部缺陷检测。

b. 斜探头。斜探头是由压电晶片产生的纵波以一定角度倾斜入射到被检工件表面，利用固体表面所持有波型转换特性，使倾斜入射到被检工件表面的超声纵波折射成横波进入工件的检测方法。超声波探伤焊缝中的缺陷一般采用斜探头。

③试块　按一定用途设计制作的具有简单形状人工反射体的试件称为试块。它和探伤仪器、探头一样，同是超声波检测的重要设备。它的作用主要有以下几点。

a. 确定和检验检测灵敏度。因为超声波检测的灵敏度是以发现与工件同厚度、同材质对比试块上最小的人工缺陷来判定的。

b. 调节检测范围，确定缺陷位置。

c. 评价缺陷大小，对被检测工件进行评级和判废。

d. 测量材质衰减和确定耦合补偿等。

试块分标准试块（STB）和对比试块（RB）两类。标准试块由权威机构规定，它的形状、尺寸和材质均由该机构统一规定。GB/T 23905 中规定 CSK-ZB 试块作为标准试块，如图 2-14 所示。按 ZBY232 要求制造。主要用于测试和校验探伤仪和探头性能，也可用于调整检测范围和确定检测灵敏度。对比试块又称为参考试块，它是由各部门按某些具体探伤对象规定的试块。GB/T 23905 标准中规定了 RB-1、RB-2 和 RB-3 三种对比试块，如图 2-15 所示。它主要用于调整检测范围，确定检测灵敏度和评价缺陷大小，是对工件进行评价和判废的依据。

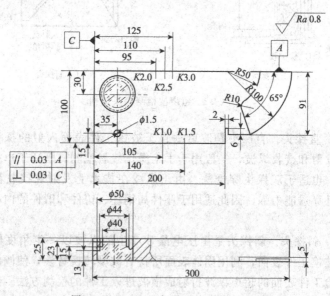

图 2-14　CSK-ZB 标准试块形状和尺寸

（3）超声波探伤方法及其原理

在超声波探伤中有各种探伤方式及方法。按探头与工件接触方式

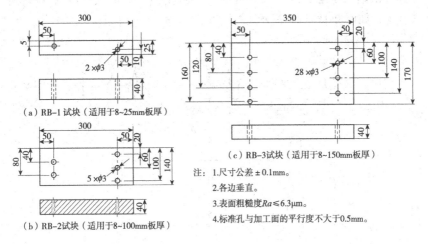

（a）RB-1试块（适用于8~25mm板厚）

（b）RB-2试块（适用于8~100mm板厚）

（c）RB-3试块（适用于8~150mm板厚）

注：1.尺寸公差±0.1mm。

2.各边垂直。

3.表面粗糙度$Ra \leqslant 6.3\mu m$。

4.标准孔与加工面的平行度不大于0.5mm。

图2-15　对比试块的形状和尺寸

分类，可将超声波探伤分为直接接触法和液浸法两种。

①直接接触法　使探头直接接触工件进行探伤的方法称为直接接触法。使用直接接触法时应在探头和被探工件表面涂有一层耦合剂作为传声介质。常用的耦合剂有机油、甘油、化学糨糊、水及水玻璃等。焊缝探伤多采用化学糨糊和甘油。由于耦合剂层很薄，因此可把探头与工件看作两者直接接触。

直接接触法要采用A型脉冲反射法工作原理，由于操作方便、探伤图形简单、判断容易且探伤灵敏度高，因此在实际生产中得到最广泛的应用。但该法对工件探测面的表面粗糙度要求较高，一般要求在$Ra 6.3\mu m$以下。

垂直入射法和斜角探伤法是直接接触法超声波探伤的两种基本方法。

a.垂直入射法。垂直入射法（简称垂直法）采用直探头将声束垂直入射工件探伤面进行探伤。由于该法是利用纵波进行探伤，因此又称纵波法，如图2-16所示。当直探头在工件探伤面上移动时，经过无缺陷处，探伤仪示波屏上只有始波T和底波B，如图2-16（a）所示。当探头移到有缺陷处，且缺陷的反射面比声束小时，则示波屏上出现始波T、缺陷波F和底波B，如图2-16（b）所示。当探头移到大缺陷（缺陷比声束大）处时，则示波屏上只出现始波 T 和缺陷波 F，如图 2-16（c）所示。

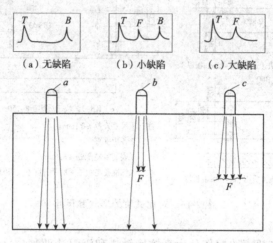

（a）无缺陷　　　　　（b）小缺陷　　　　　（c）大缺陷

图 2-16　垂直入射法探伤

　　显然，垂直法探伤能发现与探伤面平行或近于平行的缺陷，适用于厚钢板、轴类、轮等几何形状简单的工件。

　　b. 斜角探伤法。斜角探伤法（简称斜射法）是采用斜探头将声束倾斜入射工件探伤面进行探伤。由于它是利用横波进行探伤，因此又称横波法，如图 2-17 所示。当斜探头在工件探伤面上移动时，若工件内没有缺陷，则声束在工件内经多次反射将以 W 形路径传播，此时在示波屏上只有始波 T，如图 2-17（a）所示。当工件存在缺陷，且该缺陷与声束垂直或倾斜角很小时，声束会被缺陷反射回来，此时示波屏上将显示出始波 T、缺陷波 F，如图 2-17（b）所示。当斜探头接近板端时，声束将被端角反射回来，此时在示波屏上将出现始波 T 和端面波 B，如图 2-17（c）所示。

　　斜角探伤法能发现与探测表面成角度的缺陷，常用于焊缝、环状锻件、管件的检查。

　　用斜角法探伤焊缝，其几何关系如图 2-18 所示。值得指出的是，在焊缝探伤中，必须熟悉斜角探伤法的几何关系，这样才有助于判断缺陷回波并进行有关缺陷位置参数的计算。

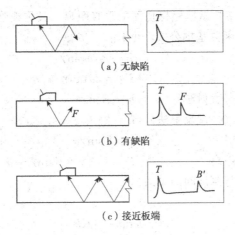

（a）无缺陷

（b）有缺陷

（c）接近板端

图 2-17　斜角探伤法

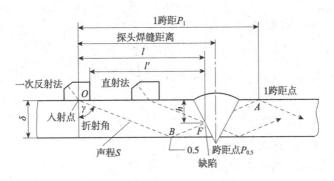

图 2-18　斜角法探伤焊缝几何关系

跨束点：声束中心线经底面反射后达到探作面的一点，图 2-18 中的 A 点。

跨距 P：探头入射点（O）至跨距点（A）的距离。

直射法：在 0.5 跨距的声程以内，超声波不经底面反射而直接对准缺陷的探伤方法，又称一次波法。

一次反射法：超声波只在底面反射一次而对准缺陷的探伤方法，又称二次波法。

缺陷水平距离 l：缺陷在探伤面投影点至探头入射点的距离，又称探头缺陷距离。

简化水平距离 l'：缺陷在探伤面的投影点至探头前端的距离。

缺陷深度 h：缺陷距探伤面的垂直距离，又称缺陷的垂直距离。

根据三角函数基本公式，可有：

0.5 跨距	$P_{0.5} = \delta \tan\gamma$
1 跨距	$P_1 = 2\delta \tan\gamma$
缺陷深度（直射法）	$h = S\cos\gamma$
缺陷深度（一次反射法）	$h = 2\delta - S\cos\gamma$
水平距离	$l = S\sin\gamma$
简化水平距离	$l' = l - b = S\sin\gamma - b$

水平距离与深度间的关系：

· 直射法：

$$l = h\tan\gamma = Kh \tag{2-1}$$

$$h = \frac{l}{\tan\gamma} = \frac{l}{K} \tag{2-2}$$

· 一次反射法：

$$l = (2\delta - h)K \tag{2-3}$$

$$h = 2\delta - \frac{l}{K} \tag{2-4}$$

式中　δ ——工件厚度，mm；

　　　S ——声程，mm；

　　　b ——探头前沿长度，mm；

　　　K ——探头 K 值；

　　　γ ——探头折射角，(°)。

②液浸法　液浸法是将工件和探头头部浸在耦合液体中，探头不接触工件的探伤方法。根据工件和探头浸没方式，分有全没液浸法、局部液浸法和喷流式局部液浸法等。其原理如图 2-19 所示。

(a) 全没液浸法　　　　(b) 局部液浸法　　　　(c) 喷流式局部液浸法

图 2-19　液浸法探伤

1—探头；2—耦合液；3—工件

液浸法当用水（通常情况下均如此）作耦合介质时，称作水浸法。水浸法探伤时，探头常采用聚焦探头，即最常用的水浸聚焦超声波探伤。其探伤原理和波形如图 2-20 所示，声波从探头发出后，需经过耦合层再射到工件表面，有一部分声能传至工件表面反射回来而形成一次界面反射波 S_1。同时大部分声能传入工件，当工件中存在缺陷时，传入工件的声能一部分被缺陷反射形成缺陷反射波 F，其余声能传至工件底面产生底面反射波 B。因此，探伤波形中 $T\sim S_1$、$S_1\sim F$ 及 $F\sim B$ 之间的距离，各对应于探头到工件底面之间各段的距离。当改变探头位置时，探伤波形中 $T\sim S_1$ 的距离也将随之改变，而 $S_1\sim F$、$F\sim B$ 的距离则保持不变。

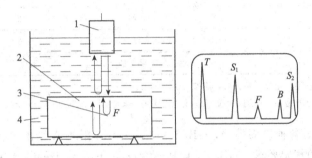

图 2-20　水浸聚焦探伤原理和波形

1—探头；2—工件；3—缺陷；4—水；

T—始波；S_1——次界面反射波；F—缺陷波；B—工件底波；S_2—二次界面反射波

用液浸法探伤时，应注意使探头和工件之间耦合介质层有足够距离，以避免二次界面反射波 S_2 出现在工件底波 B 之前。一般要求探头到工件表面距离应在工件厚度的 1/3 以上。

液浸法探伤由于探头与工件不直接接触，因此它具有探头不易磨损且声波的发射和接收比较稳定等优点。其主要缺点是，它需要一些辅助设备，如液槽、探头桥架、探头操纵器等；同时，还由于液体耦合层一般较厚而声能损失较大。

（4）检测等级

焊接接头的质量要求主要与材料、焊接工艺和服役状况有关。依据质量要求，标准 GB/T 11345—2013 规定了四个检测等级（A、B、C 和 D 级）。

从检测等级 A 到检测等级 C，增加检测覆盖范围（如增加扫查次数和探头移动区等），提高缺欠检出率。检测等级 D 适用于特殊应用，在制订书面检测工艺规程应考虑该标准的通用要求。通常，检测等级与焊缝质量等级有关（如 GB/T 19418—2003）。相应检测等级可由焊缝检测标准、产品标准或其他文件规定。

当规定使用 ISO 17635 时，表 2-20 给出了推荐的检测等级和验收等级。

表 2-20 推荐的检测等级和验收等级

按 GB/T 19418 标准规定的质量等级	按 GB/T 11345 标准规定的检测等级①	按 GB/T 29712 标准规定的验收等级
B	至少 B 级	2
C	至少 A 级	3
D	无适用的检测等级②	无应用②

①当需要评定显示特征时，应按 GB/T 29711 评定。
②不推荐做超声检测，但如果协议规定使用，参考 GB/T 19418—2003 的 C 级执行。

针对各种接头类型，GB/T 11345—2013 附录 A 给出了检测等级 A～C 的规定要求。GB/T 11345—2013 附录 A 给出的各种接头类型仅是理想状态，实际的焊缝条件或可检性与 GB/T 11345—2013 附录 A 不完全一致时，应修改检测技术以满足 GB/T 11345—2013 标准通用要求和检测等级规定要求。针对上述情况，应制订一份书面检测工艺规程。

（5）超声波探伤的操作步骤

①工件准备 主要包括探伤面的选择、表面准备和探头移动区的确定等。探伤面应根据检验等级选择。超声波检验等级分为 A、B、C 三级，其中 A 级最低，C 级最高，B 级处于 A 和 C 级之间；其难度系数按 A、B、C 逐渐增高。A 级检验适用于普通钢结构；B 级检验适用于压力容器；C 级检验适用于核容器与管

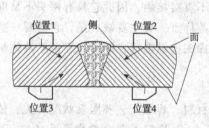

图 2-21 探伤面和探头角度

道。各检验级别的探伤面和探头角度见图 2-21 和表 2-21。焊缝侧的探伤面应平整、光滑，清除飞溅物、氧化皮、凹坑及锈蚀等，表面粗糙度不应超过 6.3μm。

表 2-21 探伤面及探头折射角的选择

板厚/mm	探伤面			探伤方法	探头折射角
	A	B	C		
<25	单面单侧			直射法及一次反射法	70°
>25~50		单面双侧（1 和 2 或 3 和 4）或双面单侧（1 和 3 或 2 和 4）		直射法	70°或 60°
>50~100					45°或 60°
					45°和 60°
					45°和 70°并用
>100	双面双侧				45°和 60°并用

②探伤频率选择 超声波探伤频率一般在 0.5～10MHz。探伤频率高、灵敏度和分辨力高、指向性好，可以有利于探伤。但如果探伤频率过高，近场区长度大，衰减大，则对探伤造成不利影响。因此，探伤频率的选择应在保证灵敏度的前提下，尽可能选用较低的频率。对于晶粒较细的锻件、轧制型材、板材和焊件等，一般选用较高的频率，常用 2.5～5.0MHz；对于晶粒较粗的铸件、奥氏体钢等，宜选用较低的频率，常用 0.5～2.5MHz。

③调节仪器 仪器调节主要有两项内容：一是探伤范围的调节，探伤范围的选择以尽量扩大示波屏的观察视野为原则，一般受检工件最大探测距离的反射信号位置应不小于刻度范围的 2/3；二是灵敏度的调整，为了扫查需要，探伤灵敏度要高于起始灵敏度，一般应提高 6～12dB。调节灵敏度的常用方法有试块调节法和工件底波调节法。试块调节法是根据工件对灵敏度的要求，选择相应的试块，通过调整探伤仪有关控制灵敏度的旋钮，把试块上人工缺陷的反射波调到规定的高度。工件底波调节法，是以被检工件底面的反射波为基准来调整灵敏度。

④修正操作 修正操作是指因校准试样与工件表面状态不一致或材质不同而造成耦合损耗差异或衰减损失，为了给予补偿要找出差异

而采取的一些实际测量步骤。

⑤粗探伤和精探伤 粗探伤以发现缺陷为主要目的，主要包括纵向缺陷的探测、横向缺陷的探测、其他取向缺陷的探测以及鉴别结构的假信号等。精探伤主要以发现的缺陷为核心，进一步明确测定缺陷的有关参数（如缺陷的位置、尺寸、形状及取向等），并包含对可疑部位更细致的鉴别工作。

（6）焊缝缺陷的判断

用超声波探伤焊缝中的缺陷时，根据所反射的不同波形特征，可判断缺陷的性质、位置和大小。各种缺陷的波形特征如下：

①气孔 气孔呈球形，反射面较小，对超声波的反射不大，可在屏幕上单独出现一个尖波，波形也比较单纯。面对链状气孔，屏幕上则不断出现缺陷波。对密集气孔，屏幕上则出现数个此起彼落的缺陷波。单个气孔的波形如图 2-22（a）所示。

②裂纹 裂纹的反射面积比气孔大，且较为典型。用斜探头检验时，屏幕上会出现锯齿较多的尖波波形，见图 2-22（b）。

③夹渣 夹渣本身的形状不规则，表面粗糙，因此，波形是由一串高低不同的小波组成的，且波形根部较宽，见图 2-22（c）。

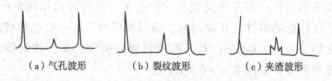

(a) 气孔波形　　(b) 裂纹波形　　(c) 夹渣波形

图 2-22　各种缺陷的波形

④未焊透 未焊透反射率高（厚板焊缝中该缺陷表面类似镜面反射），波幅较高。探头平移时，波形较稳定。在焊缝两侧探伤时，均能得到大致相同的反射波幅。

⑤未熔合 当声波垂直入射该缺陷表面时，回波高度大；探头平衡时，波形稳定。焊缝两侧探测时，反射波幅不同，有时只能从一侧探测到。

（7）擦伤结果评定

详见《焊缝无损检测　超声检测　技术、检测等级和评定》（GB/T 11345—2013）所述。

（8）超声检测与射线检测的比较

超声检测与射线检测具有各自的技术特性，两者的比较见表2-22。

表2-22　射线探伤和超声波探伤的技术特性比较

检 验 方 法		射 线 探 伤	超 声 波 探 伤
原理	方法原理	穿透法	脉冲反射法
	物理能量	电磁波	弹性波
	缺陷部位表现形式	完好部位与缺陷部位穿透剂量有差异。其差异程度与这两部分的材质、射线透过的方向以及缺陷尺寸有关	在完好部位没有反射波，而在缺陷部位发生反射波。其反射程度与完好部位和缺陷部位的材质有关
	信息显示	射线底片	荧光屏
	显示的内容	完好部位与缺陷部位的底片黑度差	缺陷反射波的位置和幅度
	易于检测缺陷方向	与射线方向平行的方向	与超声波垂直的方向
	易于检测缺陷形状	在射线方向上有深度的缺陷	与超声波束成垂直方向扩展的缺陷
被检物	铸件	＃	＊
	锻件	×	＃
	压延件	×	＃
	焊缝	＃	
缺陷	分层	×	＃
	气孔	＃	＊
	未焊透	＊	＊
	未熔合	＊	＊
	裂纹	Z	Z
	夹渣	＃	＊

注：＃—很合适；＊—合格；Z—有附加条件时合适；×—不合适。

四、磁粉检测（MT）

（1）磁粉检测的原理

磁粉检测是一种针对铁磁材料的焊件表面缺陷和近表面缺陷的无损检测法。它是利用外界施加的强磁场对被测焊件进行磁化，由其表面产生的漏磁现象来发现焊件表面和近表面的缺陷。

若被磁化的材料（或焊件）其内部组织均匀、没有任何缺陷，则磁力线在焊件内部是平行、均匀分布的。当焊件存在裂纹、气孔、夹渣等缺陷时，由于这些缺陷中的物质是非磁性的，磁阻很大，因此遇到缺陷的磁力线只能绕过缺陷部位，结果在缺陷上下部位出现磁力线聚集和弯曲现象。当缺陷离焊件表面较远时，磁力线绕过缺陷后，可以逐步恢复原状，并以直线形式分布，此时在工件表面不会有任何反应，见图 2-23（a）。当缺陷分布在焊件表面或近表面时，缺陷一端被聚集和弯曲的磁力线被挤出焊件表面，通过外部空间再回焊件中去，即所谓产生了漏磁现象，如图 2-23（b）中的 C 和 D 所示。这种漏磁在焊件表面形成一个 S、N 两极的局部小磁场。此时 C 和 D 处表面的磁力线密度增加，如在 C 和 D 处喷洒磁导率大而矫顽力小的磁悬液，其中的磁粉将会吸附在漏磁部位，形成磁粉堆积，即表明此处存在缺陷。磁粉检验就是利用此原理进行的。

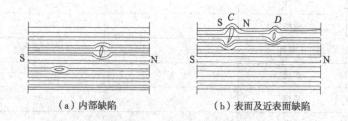

(a) 内部缺陷　　　　　　(b) 表面及近表面缺陷

图 2-23　焊件中有不同缺陷时磁力线分布情况

（2）磁化方法与磁化电流

进行磁粉检测时，首先应磁化构件的待检区，磁化时可采用交流、直流、脉动电流等，并保持磁场方向与缺陷方向尽量地垂直。由于交流有集肤效应，一般适合于检测表面缺陷（最大深度 1～2mm），直流磁场渗透较深可检测表面与近表面缺陷（最大深度达 3～5mm）。

采用的磁化方法应与被检测的结构和焊缝相匹配。磁粉检测方法分类见表 2-23。

表 2-23　磁粉检测方法分类

分类方法	分类内容
按磁化方向分	①纵向磁化法（线圈法、磁轭法） ②周向磁化法（轴向通电法、触头法、中心导体法、平行电缆法） ③旋磁场法 ④综合磁化法
按磁化电流分	①交流磁化法 ②直流磁化法 ③脉动电流磁化法 ④冲击电流磁化法
按施加磁粉的磁化时期分	①连续法 ②剩磁法
按磁粉种类分	①荧光磁粉 ②非荧光磁粉
按磁粉施加方法分	①干法 ②湿法
按移动方式分	①携带式 ②移动式 ③固定式

根据所要产生磁场的方向，一般将磁化方法分为周向磁化、纵向磁化和复合磁化。所谓的周向和纵向，是相对被检工件上的磁场方向而言的。

①周向磁化　是指给工件直接通电，或者使电流流过贯穿空心工件孔中导体，旨在工件中建立一个环绕工件的并与工件轴垂直的周向闭合磁场，用于发现与工件轴平行的纵向缺陷，即与电流方向平行的缺陷。如图 2-24 所示，轴通电法、芯棒通电法、支杆法、穿电缆法均可产生周向磁场，对工件进行周向磁化。芯棒通电法与芯电缆法的

原理相同，但是芯电缆法用于无专用通电设备的现场检测较多。

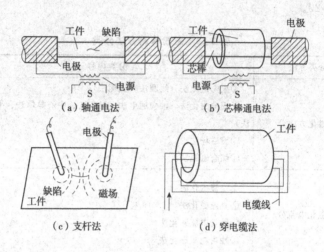

（a）轴通电法　　　　　　（b）芯棒通电法

（c）支杆法　　　　　　　（d）穿电缆法

图 2-24　周向磁化法

　　②纵向磁化　是指将电流通过环绕工件的线圈，使工件沿纵长方向磁化的方法，工件中的磁力线平行于线圈的中心轴线，用于发现与工件轴垂直的周向缺陷。利用电磁轭和永久磁铁磁化，使磁力线平行于工件纵轴的磁化方法也属于纵向磁化。如图 2-25 所示为通电线圈法、电磁轭法。

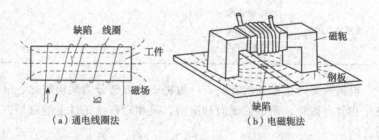

（a）通电线圈法　　　　　　（b）电磁轭法

图 2-25　纵向磁化法

　　③复合磁化　是指通过多向磁化，在工件中产生一个大小和方向随时间呈圆形、椭圆形或螺旋形变化的磁场。因为磁场的方向在工件中不断变化着，所以可发现工件上所有方向的缺陷，如图 2-26 所示。

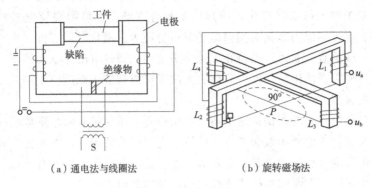

（a）通电法与线圈法　　　　　　　（b）旋转磁场法

图 2-26　复合磁化法

（3）磁粉检测设备、标准试片及显示介质

①磁粉探伤机　根据磁粉检测的原理，制造了许多满足各种工件检测需求的磁粉检测设备。通常使用中，设备按移动性质分为固定式、移动式、便携式以及专用设备等几大类。

a. 固定式磁粉探伤机。一般安装在固定场所的磁粉探伤机，其磁化电流为 1～10 kA，有的可达到 10kA 以上，电流可以是直流电流，也可以是交流电流。随着电流的增大，设备的输出功率、外形尺寸和质量都相应增大。最常用的是湿法卧式探伤机，适用于中、小型工件的磁粉探伤。

常见的国产通用固定式磁粉探伤机有 CJW、CEW、CXW、CZQ 等多种形式，它们的功能比较全面，能采取多种方法对工件实施磁粉探伤。

固定式磁粉探伤机一般包括以下几个主要部分：磁化电源、工件夹持装置、指示装置、磁粉或磁悬液喷洒装置、照明装置和退磁装置等；根据检测方法不同，有的配以螺管磁化线圈、芯棒等；根据检测对象不同，设备的设置也可采用不同的组成。

固定式磁粉探伤机的使用功能较为全面，有分立型和一体型两种。各个主要部分都紧凑地安装在一台设备上的为一体式，在固定式探伤机中应用最多。

固定式磁粉探伤机一般装有一个低电压、大电流的磁化电源和可移动的线圈（或线圈形成的磁轭），可以对被检工件进行多种方式的磁化，例如直接通电法、中心导体法、线圈法、整体磁轭法等；也可以对工件进行多向磁化，使其产生复合磁场；也可用交流电进行退磁；也可用纵向磁化对周向磁场进行退磁等。磁化时，工件水平（卧式）或垂直（立式）夹持在磁化夹头之间，通过对磁化电流的调节而获得所需要的磁场强度。磁化夹头间距可以调节，以适应不同长度工件的夹持。

固定式磁粉探伤机通常用于湿法检查。探伤机有储存磁悬液的容器及搅拌用的液压泵和喷枪。喷枪上有可调节的阀门，喷洒压力和流量可以调节。这类设备还常常备有支杆触头和电缆，以便对大型、不便搬运的工件实施支杆法或绕电缆法进行磁粉探伤。

b. 移动式磁粉探伤机。它是一种分立型的探伤装置，它的体积、质量较固定型要小，能在许可范围内自由移动，便于适应不同检测要求的需要。该类设备的磁化电流为 1～6kA，有的甚至可达到 10kA，磁化电流可采用交流电和半波整流电。

移动式磁粉探伤机包括磁化电源、工件夹持部分、照射装置、指示装置、喷洒装置等。

c. 便携式磁粉探伤机。便携式磁粉探伤机比移动式更灵活，体积更小，质量更轻，方便携带，适合于外场和空中作业。它一般多用于锅炉和压力容器的焊缝检测、飞机的现场检测以及大、中型工件的局部检测。

便携式磁粉探伤机包括磁化电源、工件磁化触头部分（合并照明装置）、指示装置等。

便携式设备有磁轭法、支杆法等。磁轭法有单磁轭法和十字交叉旋转磁轭法等，也可用永久磁铁磁轭的。

②标准试片　标准试片主要用于检验磁粉检测设备、磁粉和磁悬液的综合性能，显示被检工件表面具有足够的有效磁场强度和方向、有效检测区以及磁化方法是否正确。标准试片有 A1 型、C 型、D 型和 M1 型。其规格、尺寸和图形见表 2-24。A1 型、C 型和 D 型标准试片应符合 GB/T 23907—2009 的规定。

磁粉检测时一般应选用 A1：30/100 型标准试片。当检测焊缝坡口等狭小部位，由于尺寸关系，A1 型标准试片使用不便时，一般可选用 C：15/50 型标准试片。为了更准确地推断出被检工件表面的磁化状态，当用户需要或技术文件有规定时，可选用 D 型或 M1 型标准试片（见表 2-24）。

表 2-24　标准试片的类型、规格、尺寸和图形

类型	规格：缺陷槽深/试片厚度/μm		图形和尺寸/mm
A1 型	A1：7/50		
	A1：15/50		
	A1：30/50		
	A1：15/100		
	A1：30/100		
	A1：60/100		
C 型	C：8/50		
	C：15/50		
D 型	D：7/50		
	D：15/50		
M1 型	φ12mm	7/50	
	φ9mm	15/50	
	φ6mm	30/50	

注：C 型标准试片可剪成 5 个小试片分别使用。

③检测显示介质　磁粉检测的显示介质主要是磁粉与磁悬液。

磁粉是干法检测的显示介质。磁粉检测的灵敏度除取决于磁场强度、磁力线方向、磁化方法、焊件磁导率及其表面粗糙度外，还与磁粉的质量，即磁粉的磁导率、粒度等有很大的关系。选择磁粉时，要求其具有很高的磁化能力，即磁阻小、磁导率高；具有极低的剩磁性，磁粉间不应相互吸引；磁粉的颗粒度应均匀，通常为 $2\sim10\mu m$（200～300 目）；杂质少，并应有较高的对比度；悬浮性能好。目前

国产磁粉的颜色有黑色、白色、棕色、橙色、红色等。

磁悬液是湿法磁粉检测时，将磁粉混合在液体介质中形成磁粉的悬浮液。把磁粉与水混合成为水基磁悬液，磁粉（Fe_3O_4）或荧光磁粉与油混合则成为油基磁悬液及荧光磁悬液（通常采用煤油或变压器油）。表2-25列出了钢制压力容器焊缝磁粉探伤用的磁悬液种类、特点及技术要求。水基磁悬液的应用比油基磁悬液和荧光磁悬液广，其优点是检测灵敏度较高，运动黏度较小，便于快速检测。

表 2-25 磁悬液种类、特点及技术要求

种类		特点	对载液的要求	湿磁粉浓度（100mL 沉淀体积）	质量控制试验
油基磁悬液		悬浮性好，对工件无锈蚀作用	①在 38℃ 时，最大黏度超过 $5×10^{-6}m^2/s$ ②最低闪点为 60℃ ③不起化学反应 ④无臭味	1.2～2.4mL（若沉淀物显示出松散的聚集状态，应重新取样或报废）	用性能测试板定期检验其性能和灵敏度
水基磁悬液		具有良好的润湿性，流动性好，使用安全，成本低，但悬浮性较差	①良好的湿润性 ②良好的可分散性 ③无泡沫 ④无腐蚀 ⑤在 38℃ 时最大黏度超过 $5×10^{-6}m^2/s$ ⑥不起化学反应 ⑦呈碱性，但 pH 值不超过 10.5 ⑧无臭味		①同上油基磁悬液 ②对新使用的磁悬液（或定期对使用过的磁悬液）作湿润性能试验
荧光磁悬液	荧光油磁悬液	荧光磁粉能在紫外线光下呈黄绿色，色泽鲜明，易观察	要求油的固有荧光低，其余同油基磁悬液对载液的要求	0.1～0.5mL（若沉淀物显示出松散的聚集状态，应重新取样或报废）	①定期对旧磁悬液与新准备的磁悬液作荧光亮度对比试验 ②用性能测试板定期作性能和灵敏度试验

种类		特点	对载液的要求	湿磁粉浓度（100mL 沉淀体积）	质量控制试验
荧光磁悬液	荧光水磁悬液	荧光磁粉能在紫外线光下呈黄绿色，色泽鲜明，易观察	要求无荧光，其余同水基磁悬液对载液的要求	0.1 ～ 0.5mL（若沉淀物显示出松散的聚集状态，应重新取样或报废）	①对新使用的磁悬液（或定期对使用过的磁悬液）作湿润性能试验 ②荧光亮度亮对比试验和性能、灵敏度试验，如同荧光油磁悬液

在磁悬液里的磁粒子数目称为浓度，如果磁悬液的浓度不适当，其检验结果会不准确。浓度太低，将得不到应有的检测显示或显示很不清楚；浓度太高，检测的显示就将被掩盖或模糊不清。因此，需经常核对磁悬液的浓度。

（4）磁粉检测程序

焊缝磁粉检测的一般程序包括前处理、磁化、施加磁粉、磁痕的观察、记录、退磁等，其工艺要点见表 2-26。

表 2-26　磁粉检测的工艺要点

程序项目	要　　　点
前处理	清理焊缝及附近母材，如去除焊缝表面污垢、焊接飞溅物、松散的铁锈与氧化皮、厚度较大的各种覆盖层。使用干磁粉时，或者使用与清洗液性质不同的磁悬液时，必须等焊缝表面干燥后才能进行检验
磁化	焊缝检测区应在两个互相垂直的方向分别各磁化一次，一般采用连续磁化法，一次通电时间 1～3s，其磁化规范采用标准推荐值或符合标准要求的灵敏度试片测定 采用旋转磁场磁化时，移动速度不大于 3m/min；采用触头法磁化时，触头间距为 75～200mm。采用磁轭法时，磁极间距为 50～200mm 易产生冷裂纹的焊接结构不允许采用磁轭法检测

程序项目	要　　点
施加磁粉	湿法：在磁化过程中施加磁悬液，伴随液体流动带动磁粉在漏磁场处形成磁粉堆积即磁痕 干法：均匀地施加磁粉，利用柔和气流使其流动，促使磁粉在漏磁场上形成磁痕
磁痕的观察	非荧光磁粉的痕迹在白光下观察，光强应不小于1000Lx；荧光磁粉的痕迹在白光不大于20Lx的暗环境中采用紫外线灯照射观察，紫外线灯的强度在焊件被检面处应不低于$1000\mu W/cm^2$。可借助于$2\sim10$倍的放大镜观察
记录	可采用照相法、胶带纸粘贴复制法等记录
退磁	当剩磁影响焊件的后续加工工序、使用性能、周围设备或仪表时应进行退磁

（5）磁粉检测应用技术

①磁场方向和检测区域　缺陷的可探测性取决于其主轴线相对于磁场方向的夹角。图2-27说明了一个磁化的方向。

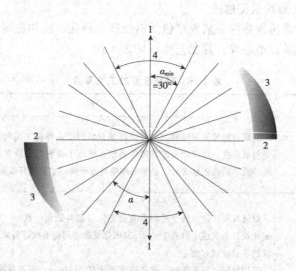

图2-27　可检测出的缺欠方向

α—磁场和缺欠方向的夹角；α_{min}—缺欠方向的最小角；α_i—缺欠方位的一个示例；

1—磁场方向；2—最佳灵敏度；3—灵敏度降低；4—灵敏度不足

为确保检测出所有方位上的缺陷，焊缝应在最大偏差角为30°的两个近似互相垂直的方向上进行磁化。使用一种或多种磁化能实现这一要求。

除非应力标准上另有规定，不推荐检测时仅做一个磁场方向上的磁化。只要合适，推荐使用图 2-28 所示的交叉磁轭技术。

当使用磁轭或触头时，由于超强的磁场强度，在靠近每个极头或尖部的工件部位存在不可检测区。

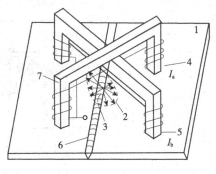

图 2-28　交叉磁轭的典型磁化技术

1—工作；2—旋转磁场；3—缺欠；

4，5—两相电流；6—焊缝；7—交叉磁轭

注意：应确保如图 2-29 和图 2-30 所示的检测区域的完全覆盖。

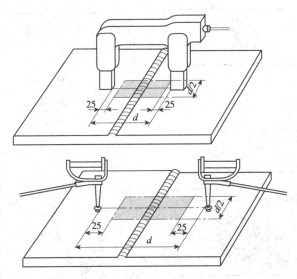

图 2-29　磁轭和触头磁化的有效检测区域（阴影）示例

d—磁轭或触头的间距

②典型的磁粉检测技术　常用焊接接头形式的磁粉检测技术如图 2-28 和图 2-31～图 2-33 所示。检测其他焊缝结构时，宜使用相同

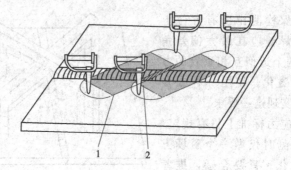

图 2-30　有效区域的覆盖

1—有效区域；2—覆盖

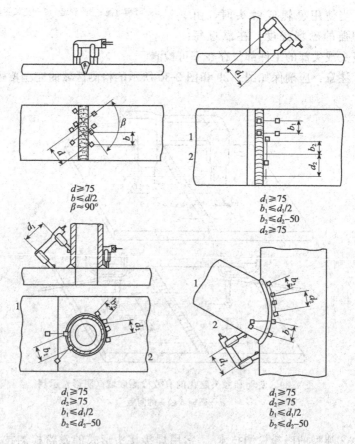

$d \geqslant 75$
$b \leqslant d/2$
$\beta \approx 90^\circ$

$d_1 \geqslant 75$
$b_1 \leqslant d_1/2$
$b_2 \leqslant d_2-50$
$d_2 \geqslant 75$

$d_1 \geqslant 75$
$d_2 \geqslant 75$
$b_1 \leqslant d_1/2$
$b_2 \leqslant d_2-50$

$d_1 \geqslant 75$
$d_2 \geqslant 75$
$b_1 \leqslant d_1/2$
$b_2 \leqslant d_2-50$

图 2-31　磁轭的典型磁化技术

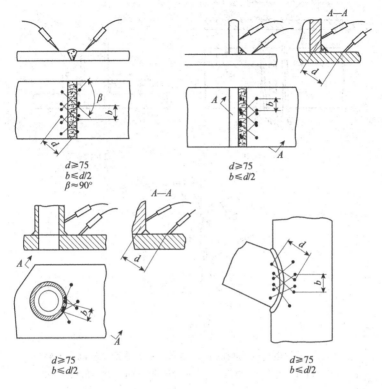

图 2-32 触头的典型磁化技术

注：选用的磁化电流值大于或等于 5 倍触头间距（有效值）

的磁化方向及磁场覆盖。被检材料中电流路径的宽度应大于或等于焊缝及热影响区再加上 50mm 的宽度，且在任何情况下，焊缝及热影响区处于有效区域内。应规定相对焊缝方位的磁化方向。

（6）磁痕的观察与评定

磁痕的观察与评定应按 NB/T 47013.4—2015《承压设备无损检测　第 4 部分：磁粉检测》的规定进行。

对磁痕的评定应考虑其位置、外观形状与焊件的材质等，磁痕一般可分为三类，见表 2-27。所有磁痕的尺寸、数量和产生部位均应记录。磁痕的永久性记录可采用胶带法、照相法以及其他适当的方法。

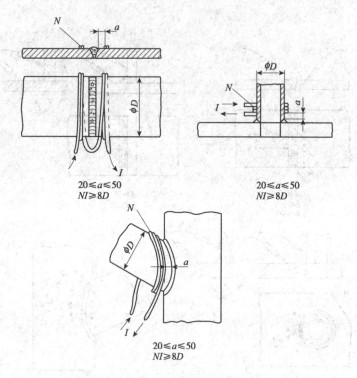

图 2-33　柔性电缆或线圈的典型磁化技术（适用于检测纵向裂纹）

N—匝数；I—电流（有效值）；a—焊缝与线圈或电缆之间的距离（mm）

表 2-27　各类缺陷磁痕显示特征

磁痕类别	磁痕特征	缺陷类型
表面缺陷	磁痕尖锐、轮廓清晰、磁粉清晰、磁粉附着紧密	冷裂纹、弧坑裂纹、应力腐蚀裂纹、未熔合等
近表面缺陷	磁痕宽而不尖锐，采用直流或半波整流磁化效果好	焊道下裂纹、非金属夹渣等
伪缺陷	磁痕模糊，退磁后复检会消失	有杂散磁场、磁化电流过大等

　　一般来说焊缝表面不允许有任何裂纹和白点、任何横向缺陷显示、任何长度大于 1.5mm 的线性缺陷显示和单个尺寸大于或等于 4mm 的圆形缺陷显示。对发现并可判定的表面与近表面裂纹应打磨清除，打磨深度过深应补焊到与母材表面平齐。

根据缺陷磁痕的形态，缺陷磁痕可分为线性和圆形两种。

①线性磁痕。长度与宽度之比大于或等于3的缺陷磁痕按线性磁痕处理。

②圆形磁痕。长度与宽度之比小于或等于3的缺陷磁痕按圆形磁痕处理。

（7）各种磁化方法的选用原则

各种磁化方法的选用原则及优缺点见表2-28。

表2-28　各种磁化方法的选用原则及优缺点

磁化方法	适用工件		优点	缺点
两端直接通电磁化法	实心的比较小的工件（铸件、锻件、机加工件）并能在卧式湿法磁粉探伤机上检测的		①迅速易行 ②凡通电处均有完整的环状磁场 ③对于表面和近表面缺陷有较高灵敏度 ④简单和复杂的工件通常都可在一次或多次通电后检测完 ⑤完整的磁路有助于使材料剩磁特性达到最大值	①接触不良时会产生放电火花 ②为使施加磁悬液方便，对于长工件应分段磁化，而不能用长时间通电来完成
	大型铸、锻件		在较短时间内，可对大面积表面进行检测	要专门的直流电源供给大电流（16000～20000A）
	管状工件，如管子和空心轴		通过两端接触可使全长被周向磁化	①有效磁场限制在外表面，不能用于内表面检测 ②端部必须有利于导电并在规定电流下不发生过热
触头法		焊缝	①通过触头位置的摆放，可使周向磁场指向焊缝区域 ②使用半波整流电和干磁粉对表面和近表面缺陷提供了很高的灵敏度 ③柔性电缆和电流装置可携带到探伤现场	①一次只能探测到较小面积 ②接触不好会产生电弧火花 ③当使用干磁粉时，工件表面必须是干燥的 ④触头间距应根据磁化电流大小来决定

磁化方法	适用工件	优点	缺点
触头法	大铸件锻件	①用额定电流值以小增量值可对全部表面进行探伤 ②可将环状磁场集中在易于产生缺陷的区域 ③探伤设备可以携带到工件不易搬动的地方 ④对那些用其他方法不易检测出来的近表面缺陷，使用半波整流电流和干磁示进行检测，灵敏度很高	①大面积探测时需要多向通电，很费时 ②由于接触不好，可有产生电弧火花 ③当使用干磁粉时工作表面应是干燥的
中心导体法	有孔的复杂工件，这些工件能让导体通过，如空心圆柱体、齿轮、大型螺母、大型吊钩、管道连接器	①工件不通电，消除了产生电弧的可能性 ②在导体周围所有面上均产生环状磁场（包括内外表面及其他表面） ③在理想情况下可使用剩磁法 ④较轻的工件可直接用导体来支承 ⑤可将多个环状工件一起探伤以减少用电量	①导体尺寸必须满足电流要求的大小 ②理想的情况下，导体应处于孔的中心 ③大直径的工件需要反复磁化，或将中心导体贴着内表面并旋转工件，此时应对工件反复磁化，在每次磁化后都应检查
	管状工件，如管子、空心轴	①工件不直接通电 ②内表面可像外表面一样检查 ③工件的全长都可以磁化	对大直径和管壁很厚的工件，外面的灵敏度比内表面有所下降
	大型阀门壳体和类似的工件	对于检测内表面的缺陷有较好的灵敏度	壁厚大时外表面灵敏度比内表面有所降低
线圈法	长度尺寸为主要尺寸的工件，如曲轴	通常所有纵向表面均能被纵向磁化，这样就可以有效地发现横向缺陷	由于线圈位置的改变，要进行多次通电磁化
	大型铸、锻件或轴类工件	用缠绕电缆可方便地获得纵向磁场	由于工件的外形，需要进行多次磁化

磁化方法	适用工件	优点	缺点
线圈法	各种各样小型工件	①方便而迅速，特别是可用剩磁法 ②工件不直接通电 ③比较复杂的工件也可简单地像横截面工件那样进行探伤	①在决定适当的安匝数时，L/D（长径比）的值是很重要的 ②可用等断面面积的试片来改变有较长径比（L/D）的值 ③要得到高强漏磁场就要使用较小的线圈 ④由于存在磁场漏磁，工件端部的灵敏度有所下降 ⑤在L/D较小的工件上，为使端部效应减至最小需要有"快断电路"
感应电流装置	检测环形工件中的周向缺陷	①不直接通电 ②工件的所有表面都可产生周向磁场 ③一次就可检测完所有被检区域 ④可自动检测	①要用铁芯通过环中 ②磁化电流的类型必须与所用方法相一致 ③必须避免其他导体的周向磁场 ④大直径工件需要特殊条件
磁轭法	检测大面积表面缺陷	①不直接通电 ②携带很方便 ③只要取向合适，可发现任何位置的缺陷	①费时 ②由于缺陷取向不定必须有规则地变换磁轭位置
	需要局部检测的复杂工件	①不直接通电 ②对表面缺陷灵敏度高 ③携带很方便 ④干、湿磁粉均可使用 ⑤在某些情况下，通以交流电，可为退磁器	①与缺陷取向之间的位置必须合适 ②工件和磁轭之间的接触必须很好 ③工件几何形状复杂、探伤困难 ④近表面缺陷的检测灵敏度不高

五、渗透检测（PT）

（1）渗透检测的原理

渗透检测是在被检焊件上浸涂可以渗透的带有荧光的或红色的染料，利用渗透剂的渗透作用显示表面缺陷痕迹的一种无损检测方法。其原理简单来说是将渗透性很强的液态物质（渗透剂）渗进焊件表面缺陷内，然后用一种特殊方法或介质（显像剂）再将其吸附到表面上来，以显示出缺陷的形状和部位。渗透检测的基本过程如图 2-34 所示。渗透检测的优点是可检查非磁性材料（如奥氏体不锈钢、铜、铝等）及非金属材料（如塑料、陶瓷材料等）的各种表面缺陷，可发现表面裂纹、分层、气孔、疏松等缺陷，不受缺陷形状和尺寸的影响，不受材料组织结构和化学成分的限制。

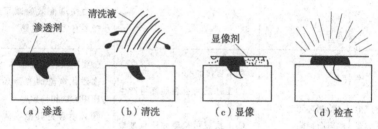

（a）渗透 　（b）清洗 　（c）显像 　（d）检查

图 2-34　渗透检测的基本过程

但渗透检测也有一定的局限性，当零件表面太粗糙时易造成假象，降低检测效果。粉末冶金零件或其他多孔材料不宜采用。

（2）渗透检测的分类及应用

渗透检测根据渗透液所含的染料成分，可分为荧光法、着色法和荧光着色法三大类。荧光法是渗透液内加入荧光物质，制成荧光液，缺陷内的荧光物质在紫外线下能激发出荧光并显示出缺陷的图像。渗透液内含有色染料，缺陷图像在白光或日光下显色的为着色法，它适用于没有电源的场合。荧光法比着色法灵敏度高，可检测出更细小的裂纹。荧光着色法兼备荧光法和着色法两种方法的特点，缺陷图像在白光下能显红色，在紫外线下又激发出荧光。渗透检测按渗透液去除方式分类可分为水洗型、后乳化型和溶剂去除型，见表 2-29。

表 2-29　渗透剂类别与适用范围

方法名称	渗透剂种类	特点与应用范围
荧光渗透检测	水洗型荧光渗透剂	零件表面上多余的荧光渗透液可直接用水清洗掉。在紫外线灯下，缺陷有明显的荧光痕迹，易于水洗，检查速度快，适用于中小件的批量检查
	后乳化型荧光渗透剂	零件表面上多余的荧光渗透液要用乳化剂乳化处理后方能水洗清除。有极明亮的荧光痕迹，灵敏度很高，适用于高质量检查
	溶剂去除型荧光渗透剂	零件表面上多余的荧光渗透液要用溶剂去除，检测成本高，一般不用
着色渗透检测	水洗型着色渗透剂	与水洗型荧光渗透剂相似，不需要紫外线光源
	后乳化型着色渗透剂	与水洗后乳化型荧光渗透剂相似，不需要紫外线光源
	溶剂去除型着色渗透剂	一般装在喷罐中，便于携带，广泛用于无水区、高空、野外结构的焊缝检验

（3）渗透检测设备、仪器和检测试块

①便携式设备及压力喷罐　便携式渗透检测设备通常是由分别装在密闭喷罐内的渗透检测剂（包括渗透剂、去除剂和显像剂）组成的。喷罐一般由检测剂的盛装容器和检测剂的喷射机构两部分组成。

喷罐携带方便，适用于现场检测。罐内装有渗透检测剂和气雾剂，气雾剂通常采用乙烷或氟里昂，在液态时装入罐内，常温下气化，形成高压。使用时只要按下头部的阀门，检测剂液体就会呈雾状从头部的喷嘴中自动喷出。喷罐内压力因检测剂和温度不同而异，温度越高，罐内压力越高，40℃左右可产生 0.29～0.49MPa 的压力。

压力喷罐内盛装溶剂悬浮或水悬浮显像剂时，喷罐内还装有玻璃弹子，使用前应充分摇晃喷罐，罐内弹子起搅拌作用，会使沉淀的固体显像剂粉末悬浮起来，形成均匀的悬浮液。

使用喷罐的注意事项：喷嘴应与工件表面保持一定距离，太近会使检测剂施加不均匀；喷罐不宜放在靠近火源、热源处，以防爆炸；处置空罐前，应先破坏其密封性。

②检测场地　检测场地应为检测者目视评价检测结果提供一个良好的环境。

着色渗透检测时，检测场地内白光照明应使被检工件表面照度不低于1000lx，野外检测时被检工件表面照度应不低于500lx。

荧光渗透检测时，应有暗室或满足要求的暗度。暗室或暗处的光照度应不超过20lx，用于检测的黑光强度要足够，一般规定距离黑光灯380mm处，其黑光强度应不低于$1000\mu W/cm^2$。暗室或暗处还应备有白光照明装置，作为一般照明使用。

③检测光源

a. 白光灯。着色渗透检测时用日光或白光照明。光源可提供的照度应不低于1000lx。在没有照度计测量的情况下，可用80W日光灯在1m处的照度为500lx作为参考。

b. 黑光灯。用于提供荧光渗透检测所需要中心波长为365nm的紫外线（黑光）灯具。黑光灯由两个主电极、一个辅助启动电极、储有水银的内管（石英管水银蒸气可达0.4～0.5MPa级）及外管（深紫色玻璃罩）组成。

黑光灯的要求和使用：荧光渗透检测时，所使用的黑光灯在工件表面的黑光辐照度应大于等于$1000\mu W/cm^2$，波长为320～400mm，中心波长为365nm。

使用黑光灯时应注意：a. 点燃至少5min后才可使用；b. 减少开关次数；c. 使用一定时间后辐射能量下降，应定期测量紫外线辐照度；d. 电压波动对黑光灯影响大，必要时应装稳压器；e. 滤光片如损坏或脏时，应及时更换；f. 避免溶液溅到黑光灯泡上发生炸裂；g. 不要对着人眼直照；h. 滤光片如果有裂纹，应及时更新，因为会使可见光和中、短波紫外线通过，对人体有害。

④检测光源测量设备

a. 黑光辐射强度计。它采用直接测量法，测量波长为320～400nm、中心波长为365nm的黑光辐照度。常用仪器为UV-A，量程是0～199.9mW/cm²，分辨力为0.1mW/cm²。

b. 黑光照度计。它采用间接测量法，可用来比较荧光渗透剂的亮度。

c. 白光照度计。它采用直接测量法，测量被检工件表面的白光照度值。

d. 荧光亮度计。它是一种一定波长范围的可见光照度计。其主要用途是当比较两种荧光渗透检测材料性能时，作出比视觉更为准确一些的判断，不能作为荧光显示亮度的真实测定，所测得数值也不是真正的荧光亮度值。

⑤渗透检测试块　渗透检测试块是指带有人工缺陷或自然缺陷的试件，用于比较、衡量、确定渗透检测材料、渗透检测灵敏度等。

常用渗透检测试块有铝合金淬火试块和不锈钢镀铬试块。这两种试块上都带有人工缺陷。参照 JB/T 6064—2015《无损检测　渗透试块通用规范》分类为：A 型试块（铝合金淬火裂纹参考试块）；B 型试块（镀铬辐射裂纹参考试块）；C 型试块（镀镍铬横裂纹参考试块）。

a. 铝合金淬火试块（也称 A 型试块）如图 2-35 所示，A 型试块上的裂纹具体要求为开口裂纹，裂纹呈不规则分布；裂纹宽度为≤$3\mu m$、$3\sim5\mu m$、$>5\mu m$；每块试块上，≤$3\mu m$ 的裂纹不得少于两条，在单个表面上的裂纹总数不应少于 4 条。

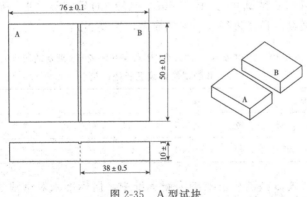

图 2-35　A 型试块

• 质量要求。用金相法逐块测量试块上的裂纹宽度；把测量结果和测量位置正确记录在测试参数卡片上。

• 铝合金试块的用途。在正常使用情况下，检验渗透检测剂能否满足要求，以及比较两种渗透检测剂性能的优劣；对用于非标准温度下的渗透检测方法作出鉴定。

• 铝合金试块的保存。JB/T 9123 标准建议清洗后放入丙酮或乙醇溶液中浸渍 30min，晾干或吹干后置入试块盒内，并放置在干燥处保存。

　　b. B 型试块如图 2-36 所示。根据 JB/T 6064—2015，将 B 型试块（镀铬辐射裂纹参考试块）分为五点式和三点式两种。

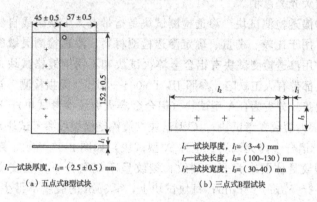

l_1—试块厚度，l_1=（2.5±0.5）mm

（a）五点式B型试块

l_1—试块厚度，l_1=（3~4）mm
l_2—试块长度，l_2=（100~130）mm
l_3—试块宽度，l_3=（30~40）mm

（b）三点式B型试块

图 2-36　B 型试块

　　五点式 B 型试块与 JB/T 6064—1992 的规定形式上一致，但试块表面裂纹区长径进行了一定的放大，见表 2-30。

表 2-30　JB/T 6064—1992 与 JB/T 6064—2015 规定的五点式 B 型试块裂纹区长径比较　　　　mm

标　准	次　序	1	2	3	4	5
JB/T 6064—1992	直　径	4.5~5.5	3.5~4.5	2.4~3.0	1.6~2.0	0.8~1.0
JB/T 6064—2015	直　径	5.5~6.3	3.7~4.5	2.7~3.5	1.6~2.4	0.8~1.6

　　三点式 B 型试块虽被纳入新标准中，但标准未对试块表面裂纹区长径尺寸作出要求，仅规定了辐射裂纹制作方法。由于新标准推荐的三点式 B 型试块厚度尺寸为 3~4mm，在标准规定的三个固定负荷作用下产生的人工辐射裂纹长径尺寸，对不同试块将是一个在较大范围内变动的不定值。

　　•镀铬试块的制作。不锈钢材料采用奥氏体不锈钢，单面磨光后镀硬铬。从未镀层面以一定直径的钢球，用布氏硬度法按不同质量打三点或五点硬度，使在另一侧的镀层上形成三处或五处辐射状裂纹。

- 镀铬试块的作用。确定检测灵敏度、检验渗透检测剂系统灵敏度及操作工艺的正确性。
- 镀铬试块的保存。用蘸有饱和状态清洗剂的柔软的布先擦拭试块，再用亲水的乳化剂作适当的清洗，然后用喷射水漂洗，以消除试块上的显像剂和某些渗透剂。将试块浸没在丙酮中，以某种方式搅动几分钟，每隔几分钟再重复搅动一次，以将渗入裂纹的渗透剂清除。晾干或吹干后置入试块盒内，并放置在干燥处保存。

（4）渗透检测参数

GB/T 26953—2011 指出：许多参数，无论是单独的还是复合的，都会影响焊缝缺欠渗透显示的形状和尺寸，其重要因素有以下几种。

①灵敏度。渗透材料是按 GB/T 18851.2 分类的，包括了有关检测小缺欠的灵敏度等级。

通常，检测小缺陷宜采用较高灵敏度材料。

②表面状况。表面状况与最小可检测缺欠尺寸直接有关。检测光滑表面通常能得到最佳结果。表面粗糙或不规则（如咬边、飞溅）能形成高背景和非相关显示，从而导致降低小缺欠的可探测性。

③过程和技术。宜根据检测表面状况选择渗透系统和技术。有时这种选择会直接影响检测的可靠性，例如：若要寻找小缺欠，不推荐采用擦洗方式在粗糙表面上去除多余渗透剂。

表 2-31 给出了推荐的可靠检出小缺欠的参数。

表 2-31　推荐的检测参数

验收水平	表面状况	渗透系统的类型
1	良好表面①	荧光渗透系统。采用 GB/T 18851.2 中的普通或高灵敏度着色渗透剂，GB/T 18851.2 中的高灵敏度
2	光滑表面②	任意
3	一般表面③	任意

①良好表面：焊缝盖面和母材表面光滑清洁，无咬边、焊波和焊接飞溅。此类表面通常是采用自动 TIG 焊、埋弧焊（全自动）及用铁粉电极的手工金属电弧焊。

②光滑表面：焊缝盖面的母材表面较光滑，有轻微咬边、焊波和焊接飞溅。此类表面通常是采用手工金属电弧焊（平焊）、盖面焊道用氩气保护的 MAG 焊。

③一般表面：焊缝盖面和母材表面为焊后自然状况。此类表面采用手工金属电弧焊或 MAG 焊（任意焊接位置）。

（5）渗透检测的操作程序与检验方法

①渗透检测操作程序　渗透检测通常分为预清洗、施加渗透液、去除、施加显像剂、干燥处理、观察及评定显示痕迹、后处理 7 个步骤。

a. 预清洗。预清洗之前要对被检部位表面进行清理，以清除被检表面的焊渣、飞溅、铁锈及氧化皮等。清洗范围应从检测部位四周向外扩展 25mm。

b. 施加渗透剂。渗透温度应控制在 15～50℃之间，渗透时间一般应少于 10min。

c. 去除。去除处理是各项操作程序中最重要的工序。清洗不够，整个检测部位会留有残余渗透液，容易大面积显示颜色，对缺陷的显示识别造成困难，容易产生假显示，造成误判。清洗过度（把应留在缺陷中的渗透液也洗掉了）会影响检测效果。所以要掌握清洗方法，根据需要进行适量清洗。一般应先用不易脱毛的布或纸进行擦拭，然后再用蘸过清洗剂的干净不易脱毛的布或纸进行擦拭，直至全部擦净。操作时应注意不得往复擦拭，也不得用清洗剂直接冲洗被检面，以免过洗。

d. 施加显像剂。检验部位经清洗后便可施加显像剂，显像剂经自行挥发，很快就把缺陷中的渗透液吸附出来，形成白底红色的缺陷痕迹。这道工序也是十分重要的，其操作质量好坏都直接影响检测结果的准确性。显像剂在使用前应充分搅拌均匀，并施加均匀，显像时间一般不少于 7min。

e. 干燥处理。当采用快干式或施加湿式显像剂之后，被检面需经干燥处理。可采用热风或自然干燥，但应注意被检面的温度不得大于 50℃。干燥时间通常为 5～10min。

f. 观察与评定。观察显示痕迹，应在施加显像剂后 7～30min 内进行。当出现显示痕迹时，必须确定是真缺陷还是假缺陷，必要时用低倍放大镜进行观察或进行复验。

g. 后处理。检测结束后，为防止残留的显像剂腐蚀焊件表面或影响其使用，应清除残余显像剂。

②渗透检测操作方法　渗透检验根据渗透剂中的溶质不同，可分为荧光检测法和着色检测法两大类。

a. 荧光检测法。荧光检测法是先将焊件涂上或浸在渗透性很强的荧光渗透液中，并停留 5～10min，然后去除表面多余的荧光渗透剂，待焊件表面干燥后，再撒上氧化镁粉（荧光粉），此时少量的氧化镁粉留在缺陷的空隙处。待表面的氧化镁粉清除后，在暗室内用黑光灯对焊件进行照射，黑光灯发出的紫外线能使缺陷内的氧化镁粉发光，其发光部位就显示出缺陷的位置和大小。这种检测方法需要一定的设备和条件，使用受到一定的限制。因此常用于不锈钢和有色金属及其合金等非磁性材料焊件的检查。

b. 着色检测法。着色检测法是在焊件表面喷洒或涂上一层带有红褐色的渗透剂（其作用相当于荧光检测法中的荧光渗透剂），待其渗入到焊件表面缺陷中后，再去除焊件表面的渗透剂并喷上能吸附渗透剂的显像剂，根据焊件表面显露出的颜色部位，就可以判定缺陷的位置和大小。着色检测法操作方便，不需要黑光灯，因此便于在工厂广泛使用，适用于检测各种材料，特别是非磁性材料焊接接头的表面缺陷。

（6）痕迹的解释与缺陷评定

对显示痕迹的解释是正确判定缺陷的基础，痕迹可能是真实缺陷引起的，也可能是由于结构形状或表面多余渗透液未清洗干净所致。各种常见焊接缺陷显示痕迹的特征见表 2-32，根据缺陷痕迹的形态，可以把缺陷痕迹大致上分为线状和非线状两种。凡长度与宽度之比＞3 的痕迹称为线状痕迹，长度与宽度之比≤3 的痕迹称为非线状痕迹。

表 2-32　各种觉见焊接缺陷显示痕迹的特征

缺陷种类	显示痕迹的特征
焊接气孔	显示呈圆形、椭圆形或长圆形，显示比较均匀，边缘减淡
焊缝区热影响区裂纹	一般显示带曲折的波浪状或锯齿状的细条状
冷裂纹	一般显示出较直的细条纹
弧坑裂纹	显示出星状或锯齿状条纹
应力腐蚀裂纹	一般在热影响区或横贯焊缝部位显示出直而长的较粗条纹
未焊透	呈一条连续或断续直线条纹
未熔合	呈直线状或椭圆形条纹
夹渣	缺陷显示不规则，形状多样且深浅不一

按照标准规定，可将焊缝缺陷分为1、2、3三个等级，详见 GB/T 26953—2011 所述。

对发现并可判定的表面与近表面裂纹应打磨清除，打磨深度过深应补焊到与母材表面平齐。

第三节　焊缝外观缺陷的返修

在焊接过程中，由于多种原因，往往会在焊接接头区域内产生各种焊接缺陷。对检查出来的焊接缺陷，都必须进行修补。修补的方法应根据缺陷的性质及损害程度来选择。

一、返修要求

焊缝缺陷的返修要求是根据对焊缝不同的焊接质量要求来确定的。受力较小的焊接件有一点缺陷是可以不用返修的。但重要的构件、受力较大的焊件如有焊接缺陷，必须返修。

二、返修前的准备

①确定返修人员的资格。进行返修操作的焊工必须按规定的焊接结构（压力容器、压力管道、锅炉或其他结构）进行考试，并取得合格证，才能在有效期内，按照焊接工艺指导书从事焊接返修工作。

②查明焊接缺陷的位置、大小及缺陷性质。

③制定的返修工艺应符合焊接工艺的要求。

④确认补焊部位的材料，以便确定用什么焊条、焊前是否需要预热、焊后是否需要退火处理。必要时，还必须在工程技术人员的指导下进行焊接工艺评定试验。

⑤要制订切实可靠的安全保障措施。

三、返修补焊坡口的制备

返修补焊坡口的尺寸、形状主要取决于缺陷尺寸、性质及其分布特点，所挖的坡口应该越小越好，只要能将缺陷除尽，又便于补焊操作即可。

对于不同的缺陷，所挖的坡口也往往有相应的要求。

①缺陷是气孔、夹渣。通过探伤（射线、超声波）不仅可以确定缺陷的位置，而且可以确定在板厚的哪一侧，若在外侧则从外侧挖坡口；若在内侧，而且靠近内表面时，则最好从内侧开坡口。这样可以保证补焊质量、减少补焊工作量。

②缺陷是未焊透。一般在未焊透一侧开坡口。只有像液化石油气钢瓶那样的容器，才被迫从外侧控制坡口，而且必须挖穿，但又不能间隙太大，否则无法保证补焊质量。

③缺陷是裂纹。顺着裂纹的方向控制坡口，每次挖削量要薄，挖净为止。

④如果缺陷是穿透性裂纹。依容器壁厚和是否允许双面补焊而异，补焊坡口有两种挖法。对于壁厚较薄，或不允许双面补焊的情况，只好单面开坡口，保持恰当的间隙；如果板厚较厚，又允许双面补焊操作时，先在一侧挖制坡口，坡口的深度超过板厚的一半，然后补焊妥当；再到另一侧挖制坡口，直到露出焊缝金属，然后再补焊完。这样补焊的焊接热影响区均匀，焊后残余变形小。

不论怎样开坡口，为了防止控制过程和补焊过程中裂纹扩张，都必须在开坡口之前，在裂纹的尖端钻一个止裂孔。

补焊低合金高强度钢容器时，在控制坡口前还必须预热，预热的温度应不低于该钢种焊接时的预热温度。这样便于消除裂纹周围的应力，这对于防止挖坡口和补焊操作中产生新的裂纹大有好处。

四、返修操作的技术要求

①返修前应清除焊接缺陷，用碳弧气刨或角向磨光机将焊件全部清理干净，两端打磨至圆滑过渡。缺陷清除后，用渗透、探伤等方法检验缺陷是否清除彻底。

②焊接坡口的尺寸应有利于操作，坡口的宽度一般为 8mm，或为缺陷深度的 1.5 倍，两者取大值。坡口的长度不小于 50mm。相邻两处返修的距离小于 50mm 时，则开一个坡口进行返修。坡口表面及两侧 20mm 范围内应将水、铁锈、油污等其他有害杂质清除干净。

③缺陷尺寸不大，补焊坡口数量不多，各坡口之间距离又较大，则一般是单个坡口逐一分别补焊。

④若补焊的地力有数处，并且它们之间的距离又较近，通常都小

于 20~30mm，为了不使两坡口中间的金属受到补焊应力-应变过程的不利影响，则将这些缺陷连起来，挖凿成一个较大的坡口进行补焊。

⑤缺陷有好几个，而且大小不一样，深浅、宽窄也不一样，因此在开凿坡口时只能开成深浅不一（局部地方较深）或宽窄不一（局部地方特别宽）的形式。仍是以清除净缺陷为原则，补焊时，先补焊深的部位，待补到一样深时再一起补焊。

⑥在容器的环焊缝或大接管的环形角焊缝中，若缺陷较多，宜将无缺陷的原焊缝也凿去一部分，使其形成全周型的补焊坡口。然后，先补焊那些较深或较宽的部位，再继续补焊剩余的部分，直至全周补妥。对于容器的环焊缝，按这个原则处理后便形成连续的补焊坡口，用焊条电弧焊焊完那些较深或较宽的部位后，便可采用埋弧自动焊机将剩余部分补妥，效率高，外观成形也美观。

⑦奥氏体合金钢坡口两侧应刷防溅剂，防止飞溅物粘在母材上。

⑧焊条、焊剂按规定烘干、保温；焊丝需除油、铁锈，保护气体应干燥。

⑨根据母材的化学成分、焊接性能、母材厚度、焊接接头拘束度、焊接方法和焊接环境等综合因素确定预热与否及预热温度。采用局部预热时，应防止局部应力过大，预热范围为焊缝两侧各不小于焊件厚度的 3 倍，且不小于 100mm。

⑩焊接设备应为良好状态，仪表指示准确。严格按制订的焊接返修工艺操作。

⑪补焊质量要求同原有焊缝相同，焊接电流适当比原来大些，需预热的钢材补焊前进行预热。

五、返修的方法

①对于超过允许要求的夹渣、气孔、未焊透、未熔合等缺陷，必须用碳弧气刨清除干净后，再进行补焊。

②裂纹是在焊接生产中最危险的一种工艺缺陷，有的也很难查出来，往往需要超声波与 X 射线并用。裂纹在明处或在焊缝内部，都必须将其裂纹以及裂纹两端各延长 50mm 的部分同时刨掉，才能重新补焊。

热影响区的表面裂纹或离表面较近的裂纹，可用碳弧气刨铲掉后再补焊，如果裂纹深入母材内部，则不属于修补之列，应考虑换掉母材，再重新组装、焊接。

③咬边的深度和长度如超过工艺规定范围，都必须进行补焊。轻微的、浅的咬边可用机械方法修锉，使其平滑过渡；严重的、深的咬边应进行补焊。补焊时，应选用直径较粗的焊丝，否则会再次出现咬边。

④对余高过大或焊瘤，应在修补前进行探伤检查，如发现有裂纹应按修补裂纹的方法进行修补；如无裂纹可用铲、锉、磨等手工或机械方法除去多余的堆积金属，使表面整洁光滑。

⑤对弧坑和烧穿，应清除烧穿孔洞边缘的残余金属，及时补焊。

⑥由于没有反变形的措施，或者反变形措施不当，导致在意想不到的地方产生了变形，原则上都应加以矫正。但在一般情况下，只是对主要受力构件的变形矫正。

⑦对于补焊低合金高强度钢压力容器时，通常必须在预热的条件下进行，预热温度不低于原焊接时的预热温度。预热宽度由补焊处的厚度和结构的复杂程度而定。当坡口大而深时，预热宽度要大些。补焊容器大接管环形角焊缝时，若不是开成周围坡口而是某段进行补焊，为减小热应力，要沿着大接管整周加热。

⑧低合金高强度钢压力容器的补焊，在绝大多数情况下要求进行后热处理，要求在补焊工作一结束或补焊过程中因故停顿后立即进行。后热处理完必须用石棉板认真包覆补焊焊缝及热影响区，使其缓冷。当然，在补焊工作结束后能马上进行消除应力热处理的工件，可以免除后热处理。

⑨在结构刚度大的部位施行补焊，为了消除焊接应力，往往采取层间锤击措施和中间热处理措施。

六、返修的注意事项

无论采取何种方法修补缺陷，都需要注意以下事项：

①对焊缝缺陷返修时，应采用与产品焊接时所采用的一样的焊接材料和焊接工艺。焊补第一层时的焊接电流可大些，以保证焊透。

②应严格控制层间温度，注意引弧与收弧的质量，每焊一层应仔

细检查，确定无缺陷后再焊下一层。

③多层焊时，由于加热次数多且加热面积大，致使焊件容易产生变形甚至产生裂纹。

④压力容器焊缝返修应由资深焊工担任，同一部位的返修次数不应超过两次，返修应在压力试验前进行。

⑤补焊铸铁裂纹时，应在裂纹前端延长线上 20～30mm 范围内钻止裂孔。

⑥返修（包括补焊）后，应按原图样规定的探伤方法，检查返修处焊缝，质量应达到相应无损探伤要求。

⑦如需预热，预热温度应较原焊缝适当提高。要求热处理的焊件，应在热处理前返修；如在热处理后返修补焊，返修后应再做热处理。

⑧应采用和产品焊接时相同的后热处理与焊后热处理。

⑨全部焊缝返修完后，应严格检查焊补区，如发现有不允许的缺陷，应重新返修。返修次数不应超过设计规定的返修次数。

⑩对于有抗晶间腐蚀要求的奥氏体型不锈钢制容器，返修部位必须保证达到原有要求。

⑪焊工操作时必须穿戴好个人防护用品。

第三章

焊接缺陷特征及预防措施

第一节　焊缝表面尺寸不符合要求

①缺陷特征　焊缝表面高低不平、焊缝宽窄不齐、尺寸过大或过小、角焊缝单边以及焊脚尺寸不符合要求，均属于表面尺寸不符合要求，如图3-1所示。

②产生原因　焊件坡口角度不对，装配间隙不均匀，焊接速度不当或运条手法不正确，焊条和角度选择不当或改变，埋弧焊焊接工艺选择不正确等都会造成该种缺欠。

③预防措施　选择适当的坡口角度和装配间隙；正确选择焊接参数，特别是焊接电流值，采用恰当的运条手法和角度，以保证焊缝成形均匀一致。

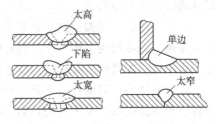

图3-1　焊缝表面尺寸不符合要求

第二节　焊接裂纹

在焊接应力及其他致脆因素的共同作用下，焊接接头局部地区的金属原子结合力遭到破坏而形成的新界面所产生的缝隙称为焊接裂纹，它具有尖锐的缺口和较大的长宽比特征。

（1）热裂纹缺陷特征

焊接过程中，焊缝和热影响区金属冷却到固相线附近的高温区产生的裂纹为热裂纹。

①产生原因　这是由于熔池冷却结晶时，受到拉应力作用而凝固的过程中，低熔点共晶体形成的液态薄层共同作用的结果。增大任何一方面的作用，都能促使形成热裂纹。

②预防措施　控制焊缝中的有害杂质的含量，即碳、硫、磷的含量，减少熔池中低熔点共晶体的形成。焊缝金属中硫、磷的含量一般小于 0.03％。焊丝中的碳质量分数不超过 0.12％。重要构件焊接应采用碱性焊条或焊剂。控制焊接参数，适当提高焊缝形状系数，尽量避免得到深而窄的焊缝。采用多层、多道焊，焊前预热和焊后缓冷。正确选用焊接接头形式，合理安排焊接顺序，尽量采用对称施焊。采用收弧板将弧坑引至焊件外面，这样，即使发生弧坑裂纹也不影响焊件本身。

（2）冷裂纹缺陷特征

焊接接头冷却到较低温度时（对钢来说在 200～300℃）产生的焊接裂纹，称为冷裂纹。

①产生原因　冷裂纹缺陷主要发生在中碳钢、低合金钢和中合金高强度钢中。原因为：焊材本身具有较大淬硬倾向；焊接熔池中溶解了大量的氢；焊接接头在焊接过程中产生了较大的拘束应力。

②预防措施　焊前按规定要求严格烘干焊条、焊剂，以减少氢的来源。严格清理坡口及两侧的污物、水分及锈，控制环境温度。选用优质的低氢型焊接材料及其焊接工艺。焊接淬硬性较强的低合金高强度钢时，采用奥氏体不锈钢焊条。正确选择焊接参数、预热、缓冷、后热以及焊后热处理等。选择合理的焊接顺序，减小焊接内应力。适当增加焊接电流，减慢焊接速度，可减慢热影响区冷却速度，防止形成淬硬组织。

（3）再热裂纹缺陷特征

焊后焊件在一定温度范围内再次加热（如消除应力热处理或多层焊）而产生的裂纹，称为再热裂纹。

①产生原因　再热裂纹一般发生在熔点线附近 1200～1350℃的区域中，对于低合金高强度钢产生再热裂纹的加热温度大致为 580～650℃。当钢中含铬、钼、钒等合金元素较多时，再热裂纹的倾向增加。

②预防措施　控制母材及焊缝金属的化学成分，适当调整对再热裂纹影响大的元素（如铬、钒、硼）的含量。减小接头刚度和应力集中，将焊缝及其与母材交界处打磨光滑。选用高热输入进行焊接。提高预热和后热温度。在焊接过程中采取减小焊接应力的工艺措施，如使用小直径焊条、小焊接参数焊接、焊接时不摆动焊条等。消除应力回火处理时，应避开产生再热裂纹的敏感温度区，敏感温度随钢种而异。

第三节　层状撕裂

①缺陷特征　焊接时焊接构件中沿钢板层形成的阶梯状的裂纹，称为层状撕裂，如图 3-2 所示。

②产生原因　轧制钢板中存在着硫化物、氧化物和硅酸盐等非金属夹杂物，在垂直于厚度方向的焊接应力作用下（图3-2 中箭头所示），在夹杂物的边缘产生应力集中，当应力超过一定数值时，某些部位的夹杂物首先开裂并扩展，以后这种开裂在各层之间相继发生，连成一体，形成层状撕裂的阶梯形。

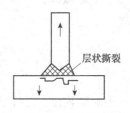

图 3-2　层状撕裂

③预防措施　严格控制钢材的含硫量，在与焊缝相接的钢材表面预先堆焊几层低强度焊缝，采用强度级别较低的焊接材料。

第四节　气孔

①缺陷特征　焊接时，熔池中的气泡在凝固时未能逸出，残存下来形成的空穴称为气孔。

②产生原因　施焊前，坡口两侧有油污、铁锈等存在；焊条或焊剂受潮，施焊前未烘干焊条或焊剂；焊条芯生锈，保护气体介质不纯等；在焊接电弧高温作用下，分解出大量的气体，进入焊接熔池形成气孔；电弧长度过长，使部分空气进入焊接熔池形成气孔。埋弧焊时由于焊缝大，焊缝厚度深，气体从熔池中逸出困难，故生成气孔的倾

向比焊条电弧焊大得多。碱性焊条比酸性焊条对铁锈和水分的敏感性大得多，即在同样的铁锈和水分含量下，碱性焊条十分容易产生气孔。当采用未经很好烘干的焊条进行焊接时，使用交流电源，焊缝最易出现气孔。直流正接产生气孔倾向较小；直流反接产生气孔倾向最小。采用碱性焊条时，一定要用直流反接，如果使用直流正接，则生成气孔的倾向显著加大。焊接速度增加、焊接电流增大、电弧电压升高都会使气孔倾向增加。

③预防措施　焊前对焊条电弧焊坡口两侧各 10mm 内，埋弧自动焊坡口两侧各 20mm 内，仔细清除焊坡口件表面上的油、锈等污物。焊丝要保持清洁，无锈、无油污。不能使用变质、偏心过大和有缺陷的焊条。焊条、焊剂在焊前按规定严格烘干，并储存于保温筒中，做到随用随取。采用合适的焊接参数，使用碱性焊条焊接时，一定要采用短弧焊。不得正对焊缝吹风，露天作业避免在大风、雨中施焊。

第五节　咬边

①缺陷特征　沿焊趾的母材部位产生的沟槽或凹陷为咬边，如图 3-3 所示。咬边会造成应力集中，同时也会减小母材金属的工作面积。埋弧焊时一般不会产生咬边。

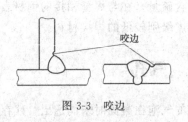

咬边

图 3-3　咬边

②产生原因　主要是由于焊接参数选择不当，焊接电流太大，运条速度和焊条角度不适当等；操作不正确，由于电弧过长，电弧在焊缝边缘停留时间短；焊接位置选择不正确，产生电弧偏吹，使焊条电弧偏离焊道而产生咬边。

③预防措施　选择正确的焊接电流及焊接速度，电弧不能拉得太长；严格执行工艺规程，掌握正确的运条方法和运条角度；选择合适的焊接位置施焊；选择正确的焊件接线回路位置施焊。

第六节　未焊透

①缺陷特征　焊接时接头根部未完全熔透的现象称为未焊透，如图 3-4 所示。未焊透减小了焊缝的有效工作截面，在根部尖角处产生应力集中，容易引起裂纹，导致结构破坏。

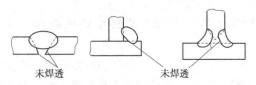

图 3-4　未焊透

②产生原因　焊缝坡口钝边过大，坡口角度太小，焊根未清理干净，间隙太小。焊条或焊丝角度不正确，电流过小，焊接速度过快，弧长过大。焊接时有磁偏现象或电流过大，焊件金属尚未充分加热时，焊条已急剧熔化。层间和母材边缘的铁锈、氧化皮及油污等未清除干净，焊接位置不佳，焊接可达性不好等。

③预防措施　正确选定坡口形式和间隙，合理选择焊接参数（电流、电压及焊接速度）。运条时注意调整焊条角度，使母材均匀地熔合。对导热快、散热面积大的焊件，焊前应进行预热。提高焊工操作技术水平，防止焊偏等。

第七节　未熔合

①缺陷特征　熔焊时，焊道与母材之间、焊道与焊道之间未完全熔化结合部分称为未熔合，如图 3-5 所示。

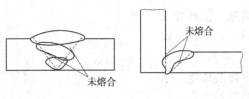

图 3-5　未熔合

②产生原因　层间清渣不干净，焊接电流太小，焊条偏心，焊条摆动幅度太小等。

③预防措施　加强层间清渣，正确选择焊接电流，注意焊条摆动等。

第八节　夹渣

①缺陷特征　焊后残留在焊缝中的熔渣称为夹渣，如图 3-6 所示。

②产生原因　焊接电流太小，以致液态金属和熔渣分不清。焊接速度过快，使熔渣来不及浮起。多层焊时，层间清理不干净。焊缝成形系数过小以及焊条电弧焊时焊条角度不正确等。

图 3-6　夹渣

③预防措施　采用具有良好工艺性能的焊条，禁止使用过期、变质和药皮开裂的焊条。坡口角度不宜过小，坡口内及两侧、层间的熔渣必须清理干净。选择焊接参数时，电流不可太小，焊速不能太快。焊接时随时调整焊条角度及摆动角度。

第九节　焊瘤

①缺欠特征　焊接过程中，熔化金属流淌到焊缝之外未熔化的母材上，所形成的金属瘤称为焊瘤，如图 3-7 所示。

②产生原因　焊接参数选择不当，焊接电流太大、电弧电压太大。钝边过小，间隙过大。焊接操作时，焊条摆动角度不对，焊工操作技术水平低。

③预防措施　提高焊工操作技术水平。正确选择焊接参数，装配间隙不宜过大。灵活调整焊条角度，掌握运条方法和运条速度，尽

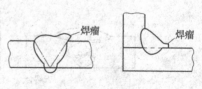

图 3-7　焊瘤

量采用平焊位置。严格控制熔池温度，不使其过高。

第十节　塌陷

①缺陷特征　单面熔焊时，由于焊接工艺选择不当，造成焊缝金属过量透过背面，而使焊缝正面塌陷、背面凸起的现象称为塌陷，如图3-8所示。

②产生原因　塌陷往往是由于装配间隙或焊接电流过大所致。

③预防措施　正确选择焊接参数，控制装配间隙，焊接电流不宜过大。

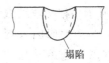

图 3-8　塌陷

第十一节　凹坑

①缺陷特征　焊后在焊缝表面或焊缝背面形成的低于母材表面的局部低洼部分称为凹坑，如图3-9所示。背面的凹坑通常称为内凹，凹坑会减小焊缝的工作截面。

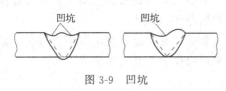

图 3-9　凹坑

②产生原因　电弧拉得过长、焊条倾角不当和装配间隙太大等。

③预防措施　提高焊工操作技术水平，控制好弧长。焊条倾角和装配间隙不宜太大。焊接收弧时要严格按照焊接工艺操作。自动焊收弧时分两次按"停止"按钮（先停止送丝，后切断电流）。

第十二节　烧穿

①缺陷特征　焊接过程中，熔化金属自坡口背面流出，形成穿孔的缺陷称为烧穿。

②产生原因　对焊件加热过度。

③预防措施　正确选择焊接电流和焊接速度，严格控制焊件的装

配间隙。另外，还可以采用衬垫、焊剂垫、自熔垫或使用脉冲电流防止烧穿。

第十三节　根部收缩

①缺陷特征　根部焊缝金属低于背面母材金属的表面，如图 3-10 所示。根部收缩减小了焊缝工作截面，还易引起腐蚀。

②产生原因　焊工操作不熟练，焊接参数选择不当。

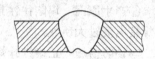

③预防措施　合理选择焊接参数，严格执行装配工艺规程，提高焊工操作技术水平。

图 3-10　根部收缩

第十四节　夹钨

①缺陷特征　钨极惰性气体保护焊时，由钨极进入到焊缝中的钨粒称为夹钨。夹钨的性质相当于夹渣。

②产生原因　主要是焊接电流过大，使钨极端头熔化，焊接过程中钨极与熔池接触以及采用接触短路法引弧等。

③预防措施　正确选择焊接参数，尤其是焊接电流不宜过大。提高焊工操作技术水平，采用正确的操作方法并认真操作。

第十五节　错边

①产生原因　错边属于形状缺陷，是由于对接的两个焊件没有对正而使板或管的中心线存在平行偏差而形成的缺陷。错边严重的焊件，在进行力的传递过程中，由于附加应力和力矩的作用，会促使焊缝发生破坏。

②预防措施　操作时要认真负责，板与板、管与管进行对接时，板或管的中心线要对正。

第四章

各类焊接方法常见缺陷及预防措施

第一节　焊条电弧焊常见缺陷及预防措施

焊条电弧焊常见缺陷及预防措施见表 4-1。

表 4-1　焊条电弧焊常见缺陷及预防措施

缺陷名称		产生原因	预防措施
外观缺陷	咬边	①焊接电流过大 ②电弧过长 ③焊接速度过快 ④焊条角度不当 ⑤焊条选择不当	①适当地减小焊接电流 ②保持短弧焊接 ③适当降低焊接速度 ④适当改变焊接过程中焊条的角度 ⑤按照工艺规程，选择合适的焊条牌号和焊条直径
	焊瘤	①焊接电流太大 ②焊接速度太慢 ③焊件坡口角度、间隙太大 ④坡口钝边太小 ⑤焊件的位置安装不当 ⑥熔池温度过高 ⑦焊工技术不熟练	①适当减小焊接电流 ②适当提高焊接速度 ③按标准加工坡口角度及留间隙 ④适当加大钝边尺寸 ⑤焊件的位置按图进行安装 ⑥严格控制熔池温度 ⑦不断提高焊工技术水平
	表面凹痕	①焊条吸潮 ②焊条过烧 ③焊接区有脏物 ④焊条含硫量或含碳、锰量高	①按规定的温度烘干焊条 ②减小焊接电流 ③仔细清除待焊处的油、锈、垢等 ④选择性能较好的低氢型焊条

缺陷名称	产生原因	预防措施
未熔合	①电流过大，焊速过高 ②焊条偏离坡口一侧 ③焊接部位未清理干净	①选用稍大的电流，放慢焊速 ②焊条倾角及运条速度适当 ③注意分清熔渣、钢水，焊条有偏心时，应调整角度使电弧处于正确方向
未焊透	①坡口角度小 ②焊接电流过小 ③焊接速度过快 ④焊件钝边过大	①加大坡口角度或间隙 ②在不影响熔渣保护前提下，采用大电流、短弧焊接 ③放慢焊接速度，不使熔渣超前 ④按标准规定加工焊件的钝边
夹渣	①焊件有脏物及前层焊道清渣不干净 ②焊接速度太慢，熔渣超前 ③坡口形状不当	①焊前清理干净焊件被焊处及前条焊道上的脏物或残渣 ②适当加大焊接电流和焊接速度，避免熔渣超前 ③改进焊件的坡口角度
满溢	①焊接电流过小 ②焊条使用不当 ③焊接速度过慢	①加大焊接电流，使母材充分熔化 ②按焊接工艺规范选择焊条直径和焊条牌号 ③提高焊接速度
气孔	①电弧过长 ②焊条受潮 ③油、污、锈焊前没清理干净 ④母材含硫量高 ⑤焊接电弧过长 ⑥焊缝冷却速度太快 ⑦焊条选用不当	①缩短电弧长度 ②按规定烘干焊条 ③焊前应彻底清除待焊处的油、污、锈等 ④选择焊接性能好的低氢焊条 ⑤适当缩短焊接电弧的长度 ⑥采用横向摆动运条或者预热，减慢冷却速度 ⑦选用适当的焊条，防止产生气孔

缺陷名称		产生原因	预防措施
裂纹	热裂纹	①焊接间隙大 ②焊接接头拘束度大 ③母材含硫量大	①减小间隙,充分填满弧坑 ②用抗裂性能好的低氢型焊条 ③用焊接性好的低氢型焊条或高锰、低碳、低硫、低硅、低磷的焊条
	冷裂纹	①焊条吸潮 ②焊接区急冷 ③焊接接头拘束度大 ④母材含合金元素过多 ⑤焊件表面油、污多	①按规定烘干焊条 ②采用预热或后热,减慢冷却速度 ③焊前预热,用低氢型焊条,制订合理的焊接顺序 ④焊前预热,采用抗裂性能较好的低氢焊条 ⑤焊接时要保持熔池低氢
焊缝尺寸不符合要求		①焊接电流过大或过小 ②焊接速度不适当,熔池保护不好 ③焊接时运条不当 ④焊接坡口不合格 ⑤焊接电弧不稳定	①调整焊接电流到合适的大小 ②用正确的焊接速度焊接,均匀运条,加强熔渣保护熔池的作用 ③改进运条方法 ④按技术要求加工坡口 ⑤保持电弧稳定
焊缝形状不符合要求		①焊接顺序不正确 ②焊接夹具结构不良 ③焊前准备不好,如坡口角度、间隙、收缩余量	①执行正确的焊接工艺 ②改进焊接夹具的设计 ③按焊接工艺规定执行
烧穿		①坡口形状不当 ②焊接电流太大 ③焊接速度太慢 ④母材过热	①减小间隙或加大钝边 ②减小焊接电流 ③提高焊接速度 ④避免母材过热,控制层间温度

第二节　埋弧焊常见缺陷及预防措施

埋弧焊常见缺陷及预防措施见表4-2。

表 4-2　埋弧焊常见缺陷产生原因及预防措施

缺陷	产生原因	预防措施
裂纹	①焊丝和焊剂配合不当（母材的含碳量高时，焊缝含锰量减少） ②焊接接头急速冷却时热影响区的硬化 ③多层焊打底焊道上的裂纹是焊道收缩应力引起的 ④焊接施工不当，母材拘束大 ⑤不适当的焊道形状，焊道高而窄（由于梨形焊道的收缩产生裂纹） ⑥焊缝冷却方法不当 ⑦焊缝形状系数太小 ⑧角接焊缝熔深太大 ⑨焊接顺序不合理 ⑩焊件刚度大	①选取适当的焊丝与焊剂配合，母材含碳量高时，应预热 ②增大焊接电流，减小焊接速度，母材预热 ③加大打底焊道 ④注意施工方法 ⑤使焊道的宽度与高度近似相等（减小焊接电流、增加电弧电压） ⑥进行焊后热处理 ⑦调整焊接规范和改进坡口 ⑧调整焊接规范和改变极性（直流） ⑨合理安排焊接顺序 ⑩焊前预热及焊后缓冷
焊缝中间凸起，两边凹陷	焊剂圈太低，焊接过程中部分液态熔渣刮走	提高焊剂高度，使焊剂覆盖高度达到 30～40mm
焊缝不直	①导电嘴孔磨损严重 ②伸出长度过大	①更换导电嘴 ②减小伸出长度
焊缝表面不均匀	①焊接速度不均匀 ②送丝速度不均匀 ③焊丝导电不良	①检修焊车行走系统，使焊速达到均匀 ②排除送丝系统故障 ③使导电良好（调换有关零件）
未熔合	①焊丝未对准 ②焊缝局部弯曲过甚	①调整焊丝 ②精心操作
咬边	①焊接速度过大 ②衬垫与焊件的间隙过大 ③焊接电流、电弧电压不合适 ④焊丝位置或角度不正确	①减小焊接速度 ②使衬垫与焊件靠紧 ③调整焊接电流及电弧电压 ④调整焊丝位置
焊瘤	①焊接电流过大 ②焊接速度过小 ③电弧电压过低	①减小焊接电流 ②加大焊接速度 ③提高电弧电压

缺陷	产生原因	预防措施
气孔	①焊接区未清理干净 ②焊剂潮湿 ③焊剂中混有杂物 ④焊剂层过薄或焊剂斗阻塞送不出焊剂 ⑤焊丝过脏 ⑥电弧电压过高 ⑦焊接时极性接反 ⑧电弧磁偏吹	①加强焊前清理 ②按要求烘干焊剂 ③去除焊剂中的杂物 ④将焊剂圈高度提高至30～40mm，确保焊剂正常输送 ⑤清理焊丝 ⑥降低电弧电压 ⑦调整极性 ⑧改变接地线位置或用交流电源
夹渣	①焊件沿焊接方向倾斜，熔渣下淌 ②多层焊时焊丝与坡口面的距离太小 ③焊缝起始端起皱（有引弧板时更易产生） ④焊接电流过小，多层焊时不易清渣 ⑤焊接速度过小，焊渣溢流	①逆向施焊或将焊件置于水平位置 ②焊丝与坡口面的距离应大于焊丝直径 ③使引弧板的厚度和坡口形状与焊件相同 ④加大焊接电流，使焊渣充分熔化 ⑤加大焊接电流和焊接速度
余高过大	①焊接电流过大 ②电弧电压过低 ③焊接速度过小 ④衬垫与焊件的间隙太小 ⑤焊件非水平放置 ⑥上坡焊时倾角过大 ⑦环缝焊接位置不当（相对于焊件的直径和焊接速度）	①降到适当的电流值 ②提高电弧电压 ③加大焊接速度 ④加大间隙 ⑤焊件水平放置 ⑥调整上坡焊倾角 ⑦相对于一定的焊件直径和焊接速度，确定适当的焊接位置
余高过小	①焊接电流过小 ②电弧电压过高 ③焊接速度过大 ④焊件非水平放置	①加大焊接电流 ②降低电弧电压 ③减小焊接速度 ④焊件水平放置
余高窄而凸出	①焊剂铺撒宽度不够 ②电弧电压过低 ③焊接速度过大	①加大焊剂铺撒宽度 ②提高电弧电压 ③减小焊接速度

缺陷	产生原因	预防措施
焊缝金属满溢	①焊接速度过慢 ②电压过大 ③下坡焊时倾角过大 ④环缝焊接位置不当 ⑤焊接时前部焊剂过少 ⑥焊丝向前弯曲	①调节焊速 ②调节电压 ③调整下坡焊倾角 ④相对一定的焊件直径和焊接速度，确定适当的焊接位置 ⑤调整焊剂覆盖状况 ⑥调节焊丝矫直部分
未焊缝	①焊接规范不当（如电流过大，电弧电压过高） ②坡口不合适 ③焊丝未对准	①调整焊接规范 ②修正坡口 ③调节焊丝
烧穿	①焊接电流过大 ②焊接速度过低 ③装配间隙过大 ④焊剂垫过松	①减小焊接电流 ②提高焊接速度 ③减小装配间隙 ④使焊剂垫与工件贴合紧密
焊道表面粗糙	①焊剂铺撒过高 ②焊剂粒度选择不当	①降低铺撒高度 ②选择与焊接电流相适应的焊剂粒度
麻点①	①坡口表面有锈、油污、水垢 ②焊剂吸潮（烧结型） ③焊剂铺撒过高	①清理坡口表面 ②150～300℃干燥 1h ③降低铺撒高度
人字裂纹	①坡口表面有锈、油污、水垢 ②焊剂受潮（烧结型）	①清理坡口 ②150～300℃干燥 1h

①埋弧焊特有的缺陷。

第三节　手工 TIG 焊常见缺陷及预防措施

手工 TIG 焊常见缺陷及预防措施见表 4-3。

表 4-3　TIG 焊常见缺陷及预防措施

缺陷类别	产生原因	预防措施
裂纹	①焊丝选择不当 ②应力集中 ③硫、磷等杂质高及氢等的影响 ④电流过大、引起合金元素烧损 ⑤熔池过大、过热 ⑥弧坑没填满	①选择与母材相匹配的焊丝 ②预热、后热或后热处理，选择合理的焊接顺序等 ③选用杂质少的焊接材料，减少氢的来源 ④选用适当的焊接电流 ⑤减小焊接电流或适当增加焊接速度 ⑥加入引弧板或采用电流衰减装置填满弧坑
气孔	①清理不彻底，含有水分 ②氩气纯度低、杂质多（如水分） ③氩气保护效果差，如流量小，电弧电压高，电弧不稳定 ④焊接速度太快	①必须将工件、焊丝彻底清理干净 ②提高及保证氩气纯度 ③提高氩气保护效果，如室外增设挡风装置，或增大氩气流量及降低电弧电压 ④选择正确的焊接速度（即降低焊接速度）
夹钨	①TIG 焊时与工件相碰短路 ②焊接电流过大，超过钨极许用电流，钨极烧损严重 ③钨极磨得太尖 ④在工件上引弧，钨极过冷	①操作时注意，避免钨极粘在工件上引起折断 ②焊接电流应在钨极许用范围内 ③避免钨极磨得太尖 ④用引弧板引弧
夹渣	①工件、焊丝未清理干净 ②多层或多道焊时因焊速太快，表面氧化，在焊下一层或下一道时未清除氧化物 ③氩气纯度低	①彻底进行清理 ②清除层间或道间氧化物 ③选用高纯度工业氩气（99.999%）
未焊透	①焊接电流小或焊速过快 ②工件未清理干净（有氧化层） ③工件装配不当，如错边、间隙小 ④坡口角度小，钝边大 ⑤焊炬与焊丝倾角不正确	①电流及焊速适当 ②工件应清理干净，露出金属光泽 ③装配时尽量没有错边、间隙增大 ④增大坡口角度及减小钝边 ⑤提高操作技术水平

缺陷类别	产生原因	预防措施
未熔合	①电流小或焊速过快,引起工件未熔合,仅焊丝熔化 ②电弧偏向一侧 ③操作不当	①增大焊接电流,降低焊速 ②调整电弧,避免偏向一侧 ③提高操作技术水平
焊瘤	①装配间隙大 ②焊接速度慢;焊接电流大	①减小装配间隙 ②选择适当的焊接速度,减小焊接电流
咬边	①电流过小 ②氩气流量过大,吹力大 ③间隙过大 ④操作不当及焊丝在两侧填充不足	①减小焊接电流 ②氩气流量应适当 ③减小装配间隙 ④提高操作水平,在焊缝两侧填丝应适当
弧坑	①熄弧过快 ②填丝不足 ③温度太高,电弧停留时间长	①做到缓慢熄弧(适当拉长电弧,应用电流衰减功能熄弧) ②焊丝应多加,高于母材表面 ③拉长电弧,电弧停留时间应缩短
焊缝成形差	①钨极污染 ②焊接电流过大或过小 ③电弧不稳 ④气体保护不充分 ⑤焊速不均匀,引起高低宽窄、焊波等不均匀 ⑥填加焊丝的量不均匀 ⑦装配间隙不均匀 ⑧操作技术不熟练	①注意打磨电极端部 ②正确选择电极材料和尺寸以及焊接参数 ③保证电弧长度,防止穿堂风影响。减少直流分量 ④合理选择气体流量,焊前认真检查焊嘴 ⑤保持焊速均匀 ⑥提高操作水平,填丝应均匀一致 ⑦修整装配间隙,使其保持均匀一致 ⑧加强焊工的全位置焊接培训

缺陷类别	产生原因	预防措施
焊接电弧不稳	①焊件上有油污 ②钨极污染 ③焊接电弧过长 ④焊接接头坡口太窄 ⑤钨极直径过大	①仔细做好焊前的清理工作 ②去除钨极污染部分 ③调小喷嘴与工件的距离 ④适当调整焊接坡口尺寸 ⑤合理选用钨极尺寸
钨极损耗过剧	①钨极直径过小 ②焊接停止时电极被氧化 ③反极性连接 ④电极夹头过热	①适当增大钨极直径 ②增加滞后停气时间,不少于 1s/10A ③改为直流正接或加大钨极的直径 ④调换合适的电极夹头,将钨极磨光

第四节 CO_2焊常见缺陷及预防措施

CO_2焊常见缺陷及预防措施见表 4-4。

表 4-4 CO_2 焊常见缺陷及预防措施

缺陷	产生原因	预防措施
咬边	①焊速过快 ②电弧电压偏高 ③焊枪指向位置不对 ④摆动时,焊枪在两侧停留时间太短	①减慢焊速 ②根据焊接电流调整电弧电压 ③注意焊枪的正确操作 ④适当延长焊枪在两侧的停留时间
焊瘤	①焊速过慢 ②电弧电压过低 ③两端移动速度过快,中间移动速度过慢	①适当提高焊速 ②根据焊接电流调整电弧电压 ③调整移动速度,两端稍慢,中间稍快

缺陷	产生原因	预防措施
熔深不够	①焊接电流太小 ②焊丝伸出长度太小 ③焊接速度过快 ④坡口角度及根部间隙过小，钝边过大 ⑤送丝不均匀 ⑥摆幅过大	①加大焊接电流 ②调整焊丝的伸出长度 ③调整焊接速度 ④调整坡口尺寸 ⑤检查送丝机构 ⑥正确操作焊枪
气孔	①焊丝或焊件有油、锈和水 ②气体纯度较低 ③减压阀冻结 ④喷嘴被焊接飞溅堵塞 ⑤输气管路堵塞 ⑥保护气被风吹走 ⑦焊丝内硅、锰含量不足 ⑧焊枪摆动幅度过大，破坏了CO_2气体的保护作用 ⑨CO_2流量不足，保护效果差 ⑩喷嘴与母材距离过大	①仔细除油、锈和水 ②更换气体或对气体进行提纯 ③在减压阀前接预热器 ④注意清除喷嘴内壁附着的飞溅 ⑤注意检查输气管路有无堵塞和弯折处 ⑥采用挡风措施或更换工作场地 ⑦选用合格焊丝焊接 ⑧培训焊工操作技术，尽量采用平焊，焊工周围空间不要太小 ⑨加大CO_2气体流量，缩短焊丝伸出长度 ⑩根据电流和喷嘴直径进行调整
夹渣	①前层焊缝焊渣去除不干净 ②小电流低速焊时熔敷过多 ③采用左焊法焊接时，熔渣流到熔池前面 ④焊枪摆动过大，使溶渣卷入熔池内部	①认真清理每一层焊渣 ②调整焊接电流与焊接速度 ③改进操作方法使焊缝稍有上升坡度，使溶渣流向后方 ④调整焊枪摆动量，使熔渣浮到熔池表面
烧穿	①对于给定的坡口，焊接电流过大 ②坡口根部间隙过大 ③钝边过小 ④焊接速度小，焊接电流大	①按工艺规程调整焊接电流 ②合理选择坡口根部间隙 ③按钝边、根部间隙情况选择焊接电流 ④合理选择焊接参数

缺陷	产生原因	预防措施
裂纹	①焊丝与焊件均有油、锈及水分 ②熔深过大 ③多层焊第一道焊缝过薄 ④焊后焊件内有很大内应力 ⑤CO_2气体含水量过大 ⑥焊缝中C、S含量高，Mn含量低 ⑦结构应力较大	①焊前仔细清除焊丝及焊件表面的油、锈及水分 ②合理选择焊接电流与电弧电压 ③增加焊道厚度 ④合理选择焊接顺序及消除内应力热处理 ⑤焊前对储气钢瓶应进行除水，焊接过程中对CO_2气体进行干燥 ⑥检查焊件和焊丝的化学成分，调换焊接材料，调整熔合比，加强工艺措施 ⑦合理选择焊接顺序，焊接时敲击、振动，焊后进行热处理
飞溅	①电感量过大或过小 ②电弧电压太高 ③导电嘴磨损严重 ④送丝不均匀 ⑤焊丝和焊件清理不彻底 ⑥电弧在焊接中摆动 ⑦焊丝种类不合适	①调节电感至适当值 ②根据焊接电流调整弧压 ③及时更换导电嘴 ④检查调整送丝系统 ⑤加强焊丝和焊件的焊前清理 ⑥更换合适的导电嘴 ⑦按所需的熔滴过渡状态选用焊丝
电弧不稳	①导电嘴内孔过大或磨损过大 ②送丝轮磨损过大 ③送丝轮压紧力不合适 ④焊机输出电压不稳 ⑤送丝软管阻力大 ⑥网路电压波动 ⑦导电嘴与母材间距过大 ⑧焊接电流过低 ⑨接地不牢 ⑩焊丝种类不合适 ⑪焊丝缠结	①更换导电嘴，其内孔应与焊丝直径相匹配 ②更换送丝轮 ③调整送丝轮的压紧力 ④检查整流元件和电缆接头，有问题及时处理 ⑤校正软管弯曲处，并清理软管 ⑥一次电压变化不要过大 ⑦该距离应为焊丝直径的10～15倍 ⑧使用与焊丝直径相适应的电流 ⑨应可靠连接（由于母材生锈，有油漆及油污使得焊接处接触不好） ⑩按所需的熔滴过渡状态选用焊丝 ⑪仔细解开

缺陷	产生原因	预防措施
焊丝与导电嘴粘连	①导电嘴与母材间距太小 ②起弧方法不正确 ③导电嘴不合适 ④焊丝端头有熔球时起弧不好	①该距离由焊丝直径决定 ②不得在焊丝与母材接触时引弧（应在焊丝与母材保持一定距离时引弧） ③按焊丝直径选择尺寸适合的导电嘴 ④剪断焊丝端头的熔球或采用带有去球功能的焊机
未焊透	①焊接电流太小 ②焊接速度太快 ③钝边太大，间隙太小 ④焊丝伸出长度太长 ⑤送丝不均匀 ⑥焊枪操作不合理 ⑦接头形状不良	①增大电流 ②降低焊接速度 ③调整坡口尺寸 ④减小伸出长度 ⑤修复送丝系统 ⑥正确操作焊枪，使焊枪角度和指向位置符合要求 ⑦接头形状应适合于所用的焊接方法
焊缝形状不规则	①焊丝未经校直或校直不好 ②导电嘴磨损而引起电弧摆动 ③焊丝伸出长度过大 ④焊接速度过低 ⑤操作不熟练，焊丝行走不均	①检修焊丝校正机构 ②更换导电嘴 ③调整焊丝伸出长度 ④调整焊接速度 ⑤提高操作水平，修复小车行走机构

第五节　熔化极气体保护焊常见缺陷及预防措施

熔化极气体保护焊常见缺陷及预防措施见表 4-5。

表 4-5　熔化极气体保护焊常见缺陷及预防措施

缺陷现象	产生原因	预防措施
夹渣	①采用短路电弧进行多道焊 ②焊接速度过高	①在焊接下一道焊缝前仔细清理焊道上发亮的渣壳 ②适当降低焊接速度，采用含脱氧剂较多的焊丝，提高电弧电压

缺陷现象	产生原因	预防措施
裂纹	①焊缝的深宽比过大 ②焊缝末端的弧坑冷却快 ③焊道太小（特别是角接焊缝和根部焊道）	①适当提高电弧电压或减小焊接电流，以加宽焊道而减小熔深 ②适当地填满弧坑并采用衰减措施减小冷却速度 ③减小行走速度，加大焊道横截面
烧穿	①热输入过大 ②坡口加工不当	①减小电弧电压和送丝速度，提高焊接速度 ②加大钝边，减小根部间隙
气孔	①气体保护不好 ②焊件被污染 ③电弧电压太高 ④焊丝被污染 ⑤焊嘴与工件的距离太大	①增加保护气体流量以排除焊接区的全部空气；清除气体喷嘴处飞溅物，使保护气体均匀；焊接区要有防止空气流动的措施，防止空气侵入焊接区；减小喷嘴与焊件的距离；保护气体流量过大时，要适当减小流量 ②焊前仔细清除焊件表面上的油、污、锈、垢，采用含脱氧剂较多的焊丝 ③降低电弧电压 ④焊前仔细清除焊丝表面油、污、锈、垢 ⑤减小焊丝伸出长度
未焊透	①坡口加工不当 ②焊接技术水平较低 ③热输入不合格 ④焊接电流不稳定	①适当减小钝边或增加根部间隙 ②使焊丝角度保证焊接时获得最大熔深，电弧始终保持在焊接熔池的前沿 ③提高送丝速度以获得较高的焊接电流，保持喷嘴与工件的适当距离 ④增加稳压电源装置或避开用电高峰
未熔合	①焊接部位有氧化膜和锈皮 ②热输入不足 ③焊接操作不当 ④焊接接头设计不合理	①焊前仔细清理待焊处表面 ②提高送丝速度、电弧电压，减小行走速度 ③采用摆动动作在坡口面上有瞬时停歇，焊丝在熔池的前沿 ④坡口夹角要符合标准，改 V 形坡口为 U 形坡口

第六节　等离子弧焊常见缺陷及预防措施

等离子弧焊常见缺陷及预防措施见表 4-6。

表 4-6　等离子弧焊常见缺陷及预防措施

缺陷类型	产生原因	预防措施
单侧咬边	①焊枪偏向焊缝一侧 ②电极与喷嘴不同轴 ③两辅助孔偏斜 ④接头错边量太大 ⑤磁偏吹	①改正焊枪对中位置 ②调整同轴度 ③调整辅助孔位置 ④加填充丝 ⑤改变地线位置
两侧咬边	①焊接速度太快 ②焊接电流太小	①降低焊接速度 ②加大焊接电流
气孔	①焊前清理不当 ②焊丝不干净 ③焊接电流过大 ④电弧电压过高 ⑤填充丝送进太快 ⑥焊接速度太快	①除净焊接区的油锈及污物 ②清扫焊丝 ③降低焊接电流 ④降低焊接速度 ⑤降低送丝速度 ⑥降低焊接速度
热裂纹	①焊材或母材硫含量太高 ②焊缝熔深、熔宽较大，熔池太长 ③工件刚度太大	①选用含硫量低的焊丝 ②调整焊接参数 ③预热、缓冷
未焊透	①坡口形式不合理 ②焊接参数不当，如电流较小、焊接速度太快等	①对于不同的被焊材料，板厚超过一定值时，应开坡口及加填充焊丝 ②调整焊接参数并相互匹配至最佳状态
焊漏	①焊接电流或离子气流量过大，焊速过低 ②装配间隙过大	①调整焊接参数，使焊接电流、离子气流量、焊接速度等处于最佳参数状态 ②注意装配间隙符合要求

第七节　点焊和缝焊常见缺陷及排除方法

点焊和缝焊常见缺陷及排除方法见表 4-7。

表 4-7　点焊和缝焊常见缺陷及其排除方法

缺陷名称		产生原因	排除方法	简图
熔核、焊缝尺寸缺陷	未焊透或熔核尺寸小	焊接电流小，通电时间短，电极压力过大	调整焊接参数	
		电极接触面积过大	修整电极	
		表面清理不良	清理表面	
	焊透率过大	焊接电流过大，通电时间过长，电极压力不足，缝焊速度过快	调整焊接参数	
		电极冷却条件差	加强冷却，改换导热性好的电极材料	
	重叠量不够（缝焊）	焊接电流小，脉冲持续时间短，间隔时间长	调整焊接参数	
		焊点间距不当，缝焊速度过快		
外部缺陷	焊点压痕过深及表面过热	电极接触面积过小	修整电极	
		焊接电流过大，通电时间过长，电极压力不足	调整焊接参数	
		电极冷却条件差	加强冷却	
	表面局部烧穿、溢出、表面飞溅	电极修整得太尖锐	修整电极	
		电极或工件表面有异物	清理表面	
		电极压力不足或电极与工件虚接触	提高电极压力、调整行程	
		缝焊速度过快，滚轮电极过热	调整焊接速度，加强冷却	

续表

缺陷名称		产生原因	排除方法	简图
外部缺陷	表面压痕形状及波纹度不均匀（缝焊）	电极表面形状不正确或磨损不均匀	修整滚轮电极	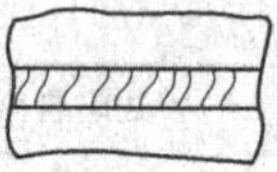
		工件与滚轮电极相互倾斜	检查机头刚度，调整滚轮电极倾角	
		焊接速度过快或焊接参数不稳定	调整焊接速度，检查控制装置	
	焊点表面径向裂纹	电极压力不足，顶锻力不足或加得不及时	调整焊接参数	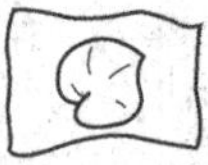
		电极冷却作用差	加强冷却	
	焊点表面环形裂纹	焊接通电时间过长	调整焊接参数	
	焊点表面粘损	电极材料选择不当	调换合适的电极材料	
		电极端面倾斜	修整电极	
	焊点表面发黑，包覆层破坏	电极、工件表面清理不良	清理表面	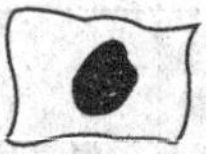
		焊接电流过大，焊接通电时间过长，电极压力不足	调整焊接参数	
	接头边缘压溃或开裂	边距过小	改进接头设计	
		大量飞溅	调整焊接参数	
		电极未对中	调整电极同轴度	
	焊点脱开	工件刚度大且装配不良	调整板件间隙，注意装配，调整焊接参数	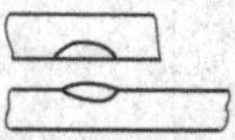

缺陷名称		产生原因	排除方法	简图
内部缺陷	裂纹缩松、缩孔	焊接通电时间过长,电极压力不足,顶锻力加得不及时	调整焊接参数	
		熔核及近缝区淬硬	选用合适的焊接循环	
		大量飞溅	清理表面,增大电极压力	
		缝焊速度过快	调整焊接速度	
	核心偏移	热场分布对于贴合面不对称	调整热平衡,如不等电极端面、不同电极材料、改为凸焊等	
	结合线伸入	表面氧化膜清除不净	应严格清除高熔点氧化膜并防止焊前的再氧化	
	板缝间有金属溢出(内部飞溅)	焊接电流过大、电极压力不足	调整焊接参数	
		板间有异物或贴合不紧密	清理表面、提高压力或调幅电流波形	
		边距过小	改进接头设计	
	脆性接头	熔核及近缝区淬硬	采用合适的焊接循环	
	熔核成分宏观偏析(旋流)	焊接通电时间短	调整焊接参数	
	环形层状花纹(洋葱环)	焊接通电时间过长		
	气孔	表面有异物(镀层、锈等)	清理表面	
	胡须	耐热合金焊接参数过软	调整焊接参数	

第八节　凸焊凸点位移原因及预防措施

（1）凸点位移的原因

一般凸点熔化期间电极要相应地跟随着移动，若不能保证足够的电极压力，则凸点之间的收缩效应将引起凸点的位移，凸点位移使焊点强度降低。

（2）防止凸点位移的措施

①凸点尺寸相对于板厚不应太小。为减小电流密度而使凸点过小，易造成凸点熔化而母材不熔化的现象，难以达到热平衡，甚至出现位移，因此，焊接电流不能低于某一限度。

②多点凸焊时凸点高度如不一致，最好先通预热电流使凸点变软。

③为达到良好的随动性，最好采用提高电极压力或减小加压系统可动部分量的措施。

④凸点的位移与电流的平方成正比，因此在能形成焊核的条件下，最好采用较低的电流值。

⑤尽可能增大凸点间距，但不宜大于板厚的 10 倍。要充分保证凸点尺寸、电极平行度及焊件厚度的精度是较困难的。因此，最好采用可转动电极，即随动电极。

第九节　对焊常见缺陷及预防措施

（1）错位

产生的原因可能是焊件装配时未对准或倾斜、焊件过热、伸出长度过大、焊机刚度不够大等。主要防止措施是提高焊机刚度、减小伸出长度及适当限制顶锻留量。错位的允许误差一般小于 0.1mm 或 0.5mm 的厚度。

（2）裂纹

产生的原因可能是，在对焊高碳钢和合金钢时，淬火倾向大。可采用预热、后热和及时退火措施预防。

（3）未焊透

产生的原因可能是顶锻前接口处温度太低、顶锻留量太小、顶锻压力和顶锻速度低、金属夹杂物太多等。防止的措施是采用合适的对焊焊接参数。

（4）白斑

这是对焊特有的一种缺陷，在断口上表现有放射状灰白色斑。这种缺陷极薄，不易在金相磨片中发现（在电镜分析中才能发现）。白斑对冷弯较敏感，但对拉伸强度的影响很小，可采取快速及充分顶锻的措施消除。

第十节　电子束焊常见缺陷及预防措施

（1）焊缝成形不连续

产生的原因是，电子束焦点的直径过小，焊速过快，导致熔化金属不能与母材很好地重新熔合，在焊接薄板时容易产生。预防措施是适当地散焦和降低焊接速度。

（2）咬边

由于电子束焊时，一般不加填充金属，因此焊道两侧很容易出现咬边现象，特别是在采用深穿入式成形和高速焊接时，咬边缺陷显现更严重。预防措施是降低焊速，并在接缝上预置金属，或用小功率电子束重熔来修饰焊缝，使焊缝表面达到圆滑过渡。

（3）焊偏

在电子束焊接时产生焊偏的原因及预防措施如下：

①真空电子束焊接是隔着观察窗进行的，因此，焊接过程中的变形和传动系统运动引起的偏离使操作者难以觉察和进行调节。预防措施是提高传动系统的精度、改善观察系统或采用自动对中控制系统。另外，在工艺上可采用旋转偏转电子束来获得平行边焊缝。

②中厚板的电子束焊接不宜采用磁偏转对中，否则容易引起电子束的偏转。预防措施是采用机械传动来找正接缝线。

③在焊接铁磁材料的工件时，由于剩磁而引起电子束偏移，从而造成焊偏。预防措施是焊前须进行去磁处理。

④异种材料焊接时，接缝处产生的热电势会使工件内部形成电流，该电流在熔池附近造成杂散磁场会引起电子束偏移，因此可导致焊偏。预防措施是加反向磁场。

（4）下塌

电子束进行单面焊时，由于材料本身的表面张力不足，难以支撑熔化金属的自重和金属蒸气的反作用力，导致下塌缺陷。预防措施是采用留底或锁底的接头形式，或采取电子束摆动或电子束流脉动，以加速熔化金属的冷却速度，或倾斜工件以降低液态金属的重力作用。

（5）未焊透

由于焊接参数选择不当或波动而造成未焊透，可通过调整焊接参数或采用参数的闭环控制系统予以解决。

（6）钉尖缺陷

这是由于电子束功率的脉动，液态金属表面张力和冷却速度过大而液相金属来不及流入所致。因为电子束的密集呈钉尖状，所以称为钉尖缺陷。此种缺陷常发生在部分熔透的焊缝根部，将造成应力集中而导致使用过程中工件的破坏。预防措施是加垫板或采用锁底的接头，也可采用全焊透工艺。

（7）弧坑

在焊接过程中由于气体放电而突然中断焊接过程所产生的缺陷。气体放电大多发生在大功率焊接时，电子束长时间工作，工件表面清理不干净，及工件材质中含有蒸气压较高的元素等情况。预防措施是加大电子枪的真空抽气速率及加强洁净程度。

（8）裂纹

根本原因与焊接金属材料有关。电弧焊时容易产生裂纹的材质，采用电子束焊时也有可能出现裂纹。热裂纹可通过降低电子束焊接时的热输入来防止；冷裂纹可通过改进接头设计来消除应力集中，或改变焊接工艺来防止。淬火钢的电子束焊接可通过预热来防止冷裂纹的产生。

（9）冷隔

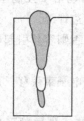

图 4-1　冷隔（空洞）

造成冷隔的原因与电子束焊缝的成形特征有关。厚板电子束焊在未焊透的情况下，在深穿入式成形时，焊缝金属中的气体逸出受到电子束电流排开的液体金属阻碍，在焊缝根部或稍高部分形成较大的空洞，如图 4-1 所示。预防措施是减少气体的来源、降低焊接速度或采用旋转电子束来增加熔宽而改变焊缝的截面形状。

（10）气孔

用电子束焊接粉末冶金的难熔金属时，在熔合线附近特别容易出现气孔。预防措施是多道焊和重熔焊接。

（11）飞溅

用深穿入式成形方法焊接厚度超过 6mm 工件时，有可能出现飞溅现象，这将影响焊件的表面质量和增加清理飞溅的工作量，同时还会削弱焊缝金属的截面。飞溅产生的原因与母材含有较多的气体有关，应从提高母材的纯度和采用防止气孔的相同方法来加以解决。

（12）侵蚀

侵蚀是处在电子速通道上未被保护的工件表面受到的损伤。可采用与工件相同的材质、具有一定厚度的防护板或捕集器，以收集过剩的电子束能量。

第十一节　电渣焊常见缺陷及预防措施

电渣焊常见缺陷及预防措施见表 4-8。

表 4-8　电渣焊常见缺陷及预防措施

缺陷名称	产生原因	预防措施
热裂纹	①焊缝中杂质偏析 ②焊丝送进速度过快造成熔池过深，是产生热裂纹的主要原因 ③母材中的 S、P 等杂质元素含量过高 ④焊丝选用不当 ⑤引出结束部分的裂纹主要是由于焊接结束时，焊接送丝速度没有逐步降低 ⑥含碳量较高的碳钢及低合金钢焊后未及时热处理	①选择优质的电极材料、合适的焊接参数 ②降低焊丝送进速度 ③降低母材中 S、P 等杂质元素含量 ④选用抗热裂纹性能好的焊丝 ⑤焊接结束前应逐步降低焊丝送进速度 ⑥及时热处理
气孔	①水冷成形滑块漏水进入渣池 ②焊剂潮湿 ③采用无硅焊丝焊接沸腾钢或含硅量低的钢 ④大量氧化铁进入渣池	①焊前仔细检查水冷成形滑块，注意水冷滑块不能漏水 ②焊剂应烘干 ③焊接沸腾钢时采用硅焊丝 ④工件焊接面应仔细清除氧化皮，焊接材料应去锈

缺陷名称	产生原因	预防措施
夹渣	①焊接参数变动较大或电渣过程不稳定 ②熔嘴电渣焊时，绝缘块熔入渣池过多，使熔渣黏度增加 ③焊剂熔点过高	①保持焊接参数和电渣过程的稳定 ②尽量减少绝缘块熔入渣池的量 ③选择适当焊剂
咬边	①热量过大 ②滑块冷却不良 ③滑块装配不准确	①降低电压，提高焊接速度，缩短摆动焊丝在两侧的停留时间 ②增加水流量及滑块接触面积 ③改进滑块结构，用石棉泥填封
未焊透	①电渣过程及送丝不稳定 ②焊接参数选择不当，如渣池太深等 ③焊丝或熔嘴距水冷成形滑块太远，或在装配间隙中位置不正确	①保持稳定的电渣过程 ②焊接参数选择合适且保持稳定 ③调整焊丝或熔嘴，使其与水冷成形滑块的距离及在焊缝中的位置符合工艺要求
未熔合	①焊接电压过高，送丝速度过低，渣池过深 ②电渣过程不稳定 ③焊剂熔点过高	①选择适当的焊接参数 ②保持电渣过程稳定 ③选择适当的焊剂
冷裂纹	①焊接结构设计不合理，焊缝密集，或焊缝在板的中间停焊 ②结构复杂，焊缝很多，没有进行中间热处理 ③高碳钢、合金钢焊后没及时进行热处理 ④焊缝有未焊透、未熔合缺陷，又没有及时清理 ⑤焊接过程中断，咬口没及时补焊	①设计时，结构上避免密集焊缝及在板中间停焊 ②对于焊缝很多的复杂结构，焊接一部分焊缝后，应进行中间消除应力热处理 ③高碳钢、合金钢焊后应及时进炉，有的要采取焊前预热、焊后保温措施 ④焊缝上缺陷要及时清理，停焊处的咬口要趁热挖补 ⑤室温低于0℃时，电渣焊后要尽快进炉，并采取保温措施

第十二节　高频焊常见缺陷及预防措施

高频焊常见缺陷及预防措施见表4-9。

表4-9　高频焊常见缺陷及预防措施

缺陷名称	产生原因	预防措施
未焊合	①加热不足 ②挤压力不够 ③焊接速度太快	①提高输入功率 ②适当增加挤压力 ③选用合适的焊接速度
夹渣	①输入功率太大 ②焊接速度太慢 ③挤压力不够	①选用适当的输入功率 ②提高焊接速度 ③适当增加挤压力
近缝区开裂	热态金属受强挤压，使其中原有的纵向分布的层状夹渣物向外弯曲过大而引起	保证母材的质量；挤压力不能过大
错位 （薄壁管）	①设备精度不高 ②挤压力过大	①修整设备，使其达到精度要求 ②适当降低挤压力

第十三节　扩散焊常见缺陷及预防措施

（1）同种金属扩散焊常见缺陷及预防措施

①未焊透　未焊透产生的主要原因是焊接温度低、压力不足、焊接时间短、真空度低、待焊面加工精度低、清理不干净及结构位置不正确等。预防措施是采用合适的扩散焊工艺。

②界面处有微孔　界面处有微孔的主要原因是等焊面粗糙不平。预防措施是待焊面精度要达到规定的要求。

③残余变形　残余变形产生的主要原因是焊接压力太大、温度过高、保温时间太长等。预防措施是采用合理的扩散焊焊接参数。

④裂纹 裂纹是由于加热和冷却速度太快、焊接压力过大、焊接温度过高、加热时间太长、待焊面加工粗糙等而引起的。预防措施是针对产生的原因采用合理的焊接参数。

⑤熔化 熔化产生的主要原因是加热量太大，焊接保温时间太长；加热装置结构不正确或加热装置同焊件的相应位置不对。预防措施是采用合理的扩散焊焊接参数和选用合理加热装置及将焊件位置放正确。

⑥错位 错位产生的主要原因是夹具结构不正确，预防措施是设计合理的夹具并将零件放置妥当。

（2）异种材料扩散焊常见缺陷及预防措施措施

异种材料扩散焊常见缺陷、产生原因及预防措施见表 4-10。

表 4-10　异种材料扩散焊常见缺陷、产生原因及预防措施

材料名称	焊接缺陷	缺陷产生的原因	预防措施
青铜＋铸铁	青铜一侧产生裂纹，铸铁一侧变形严重	扩散焊时加热温度、压力不合适	选择合适的焊接参数，焊接室中的真空度要合适
钢＋铜	铜母材一侧结合强度差	加热温度不够，压力不足，焊接时间短，接头装配位置不正确	提高加热温度、压力，延长焊接时间，接头装配合理
铜＋铝	接头严重变形	加热温度过高，压力过大，焊接保温时间过长	加热温度、压力机保温时间应合理
金属＋玻璃	接头贴合，强度低	加热温度不够，压力不足，焊接保温时间短，真空度低	提高焊接温度，增加压力，延长焊接保温时间，提高真空度
金属＋陶瓷	产生裂纹或剥离	线胀系数相差太大，升温过快，冷速太快，压力过大，加热时间过长	选择线胀系数相近的两种材料，升温、冷却应均匀，压力适当，加热温度和保温时间适当
金属＋半导体材料	错位、尺寸不合要求	夹具结构不正确，接头安放位置不对，工件振动	夹具结构合理，接头安放位置正确，周围无振动

第十四节　摩擦焊常见缺陷及预防措施

摩擦焊常见缺陷及预防措施见表 4-11。

表 4-11　摩擦焊常见缺陷及其产生原因

缺陷名称	缺陷产生的原因
接头偏心	焊机刚度低，夹具偏心，工件端面倾斜或在夹头外伸出量太大
飞边不封闭	转速低，摩擦压力太大或太小，摩擦时间太长或太短，以致顶锻焊接前接头中变形层和高温区太窄；停车慢
未焊透	焊前摩擦表面清理不良，转速低，摩擦压力太大或太小，摩擦时间短，顶锻压力小
接头组织扭曲	速度低，压力大，停车慢
接头过热	速度高，压力小，摩擦时间长
接头淬硬	焊接淬火钢时，摩擦时间短，冷却速度快
焊接裂缝	焊接淬火钢时，摩擦时间短，冷却速度快
氧化灰斑	焊前工件清理不良，焊机振动，压力小，摩擦时间短，顶锻焊接前，接头中的变形层和高温区窄
脆性合金层	焊接会产生脆性合金化合物的一种金属时，加热温度高，摩擦时间长，压力小

第十五节　爆炸焊常见缺陷及预防措施

爆炸焊常见缺陷及预防措施见表 4-12。

表 4-12　爆炸焊常见缺陷及预防措施

缺陷名称	产生原因	预防措施
结合不良	炸药种类不合适 药量不足 间隙不当	选择低爆速炸药 使用足够的炸药量 采用适当的间隙 选择合适的起爆位置（如中心起爆），缩短间隙排气路程，创造良好的排气条件

缺陷名称	产生原因	预防措施
鼓包	气体未能及时排出	采用最佳药量和最佳间隙 选择低爆速炸药 采用中心起爆方式，创造良好的排气条件
大面积熔化	由于间隙内未能及时排出气体，在高压下被绝热压缩，大量的绝热压缩热使气泡周围的一层金属熔化	选择低爆速炸药 采用中心起爆方式
表面烧伤	复板表面被爆炸热氧化而烧伤	选用低爆速炸药 采用中心起爆方式
变形	由于爆炸载荷剩余能量的作用而引起	增加基板的刚度
脆裂	材料本身冲击值太小 材料的强度、硬度过高	采用热爆工艺
雷管区结合不良	能量不足 气体未排出	在雷管区增加炸药量来尽量缩小雷管区
边部打裂	周边或前端（复合管及棒）能量过大	减少边部（复合板）或前端（复合管棒）的炸药量 增加复板或复管的尺寸，或在厚复板的待结合面之外的周边刻槽
打伤	炸药结块或混有固态硬物 炸药量分布不均	细化和净化炸药 均匀布药

第十六节　气压焊常见缺陷及预防措施

（1）钢轨气压焊外形缺陷与预防措施

①错口或弯曲　错口即焊接后在焊接端面钢轨接头产生上下或左右的错动，产生明显的"台阶"，上下或左右不平度很大；弯曲即焊头部分产生上拱、下凹或左右弯曲。这些缺陷一般是因气压焊机（压

接机）活动滑座与机体上的导轨配合不好，间隙太大或钢轨没有对正引起的，焊接工艺不良（如过早加压）或焊接的钢轨轨端有硬弯等造成的。当设备、工艺良好时，这类缺陷一般不易产生。在闭式气压焊中，由于设备关系，上下错口或弯曲的缺陷不易纠正。当错口或弯曲超过标准时，一般要重焊。当上下弯曲（称拱背）小时，可将弯曲部分的轨头再加热到850～900℃，冷却后即可调正。左右错口或弯曲，用直轨机调直。

②坍底　坍底即轨脚凹陷。加热范围太大，产生轨底脚凹陷，如图4-2所示。当焊接时加热器摆动量过大时，就会产生这种缺陷。这种缺陷可以通过正确确定工艺规程和严格执行操作工艺来防止。

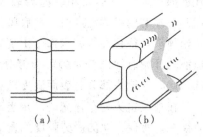

图4-2　加热范围太大，产生轨底脚凹陷

③表面凹坑　由于切割或打磨时操作不良，钢轨表面产生凹坑。这种缺陷只要操作时细心，严格执行操作工艺，就可以防止。

（2）钢轨气压焊内部缺陷及预防措施

①过烧　焊接时加热温度高到接近熔点时就会产生过烧。过烧使钢轨表面呈现裂纹或蜂窝状，这是不允许的。过烧一般产生在厚度最小转底部分，产生原因是加热器火孔直径稍微加大或加热温度稍高。轨底部分在顶锻后，凸出量又较小，过烧的部分很难完全挤出，因而在打磨后，钢轨表面仍残留有过烧的部分金属，使焊头报废。而轨头部分则因截面较大，顶锻后金属挤出也较多，表面过烧部分一般都被挤出到凸瘤上，切割打磨之后，就不存在过烧了。

防止过烧，除了严格执行焊接工艺之外，还要密切注意加热器火孔，若发现加热轨底脚某一火孔扩大，必须对火孔进行修理，使其符合标准。修理后的加热器必须再经过试验后才允许投入使用。

②光斑　焊接端面未能焊接结合的部分称为光斑。光斑一般呈银灰色。

光斑产生的原因很多，如钢轨焊接端面处理不良，不平度、不垂直度过大，致使焊接时两根钢轨的焊接面不能很好接触；焊接端面上残留有较厚的氧化膜和油垢等；焊接端面处理后，在焊接以前被风沙灰尘沾污；焊接初期气体流量调整不当，形成碳化焰，其游离碳形成的烟末沾污焊接表面，或形成氧化焰，使焊接端面被氧化；加热器的个别火孔堵塞变小，使这部分的加热温度降低，达不到要求的焊接温度；开始顶锻的时间过早（焊接温度还不够高时就开始顶锻）；顶锻力不足；气体压力和流量太大造成火焰不稳定等。

轨底脚部分比较容易产生光斑，这是由于为了防止过烧，轨底脚部分的火焰一般都较小，温升较慢，当轨顶部分的表面温度达到1250℃左右的可焊温度时，轨底脚表面部分尚低于可焊温度，若此时开始顶锻，往往在轨底脚部分出现光斑。为避免这一缺陷产生，要求顶锻的开始时间以轨底脚表面部分达到1200～1300℃的焊接温度为准，此时，轨头部分的表面温度已达1350℃以上。

在焊接接头处存在光斑，相当于接头处有一裂缝。轨底脚处光斑的存在，将使钢轨的疲劳强度急剧下降。因此，焊接面不允许有光斑存在。

为防止产生光斑，可以采取以下措施：严格执行焊接工艺；保证焊接设备尤其是加热器技术状态良好；焊接表面处理后立即进行焊接；焊接中有个别火孔突然堵塞而又不能停焊时，立即用气割割炬替补加热等。

③半结晶　半结晶指两根钢轨的焊接结合面只产生"粘接"——结合面上只有一些接触点上产生金属键的连接，而没有在整个截面上产生再结晶。属于这种情形的焊接轨在落锤试验时，钢轨会沿结合面平直断开，断面上形成金属键处呈现银白色的细小结晶，其他部分则为灰色。半结晶的产生主要是由于焊接工艺不良，如在温度还不够高时就开始顶锻，加热时间太短等。半结晶的存在使钢轨的疲劳强度下降，应予防止。防止的办法是严格执行焊接工艺。

④灰斑　在焊接后钢轨的断面上有时会发现灰色的斑块存在，称为灰斑。灰斑一般存在于钢轨内部，原因是钢材本质材质不良、有夹渣等。防止措施是选用合格钢材材质，并严格执行操作工艺规程。

⑤氧化　当焊接火焰为氧化焰时，焊接接头往往产生氧化现象。氧化后的接头用肉眼观察时，焊件表面及断面结晶均良好，超声波检查也不会发现有什么问题，但是，接头部分的金属已受氧化，冲击性

能变差。预防氧化缺陷，要严格控制气体的混合比，使火焰保持为微还原焰。

（3）钢筋气压焊常见缺陷及预防措施

钢筋气压焊常见缺陷及预防措施见表4-13。

表4-13　钢筋气压焊常见缺陷及预防措施

焊接缺陷	产生原因	预防措施
轴线偏移（偏心）	①焊接夹具变形，两夹头不同心，或夹具刚度不够 ②两钢筋安装不正 ③钢筋接合端面倾斜 ④钢筋未夹紧就进行焊接	①检查夹具，及时修理或更换 ②重新安装夹紧 ③切平钢筋端面 ④夹紧钢筋再焊
弯折	①焊接夹具变形，两夹头不同心 ②焊接夹具拆卸过早	①检查夹具，及时修理或更换 ②熄火后半分钟再拆夹具
镦粗直径不够	①焊接夹具动夹头有效行程不够 ②顶压液压缸有效行程不够 ③加热温度不够 ④压力不够	①检查夹具和顶压液压缸，及时更换 ②采用适宜的加热温度及压力
镦粗长度不够	①加热幅度不够宽 ②顶锻压力过大	①增大加热幅度范围 ②加压时应平稳
钢筋表面严重烧伤接头金属过烧	①火焰功率过大 ②加热时间过长 ③加热器摆动不匀	调整加热火焰，正确掌握操作方法
未焊合	①加热温度不够或热量分布不匀 ②顶锻压力过小 ③结合端面不洁 ④端面氧化 ⑤中途灭火或火焰不当	合理选择焊接参数；正确掌握操作方法

第十七节　气焊常见缺陷及预防措施

气焊常见缺陷及预防措施见表 4-14。

表 4-14　气焊常见缺陷及预防措施

缺陷类型	产生原因	预防措施
裂纹	焊缝金属中硫含量过高，焊接应力过大，火焰能率小，焊缝熔合不良等	控制焊缝金属的硫含量，提高火焰能率，减小焊接应力等
气孔	焊丝、工件表面清理不干净，含碳量过高，火焰成分不对，焊接速度太快等	严格清理工件表面及焊丝，控制焊丝与基本金属的成分，合理选择火焰及焊接速度等
焊缝尺寸及形状不符合要求	工件坡口角度不当，装配间隙不均匀，焊接参数选择不当等	严格控制装配间隙，合理加工坡口角度，正确选择焊接参数等
咬边	火焰能率调整过大，焊嘴倾斜角度不正确，焊嘴和焊丝运动方法不适当等	正确选择焊接参数及操作方法等
烧穿	对焊件加热过甚，操作工艺不当，焊接速度慢，在某处停留时间过长等	合理加热工件，调整焊接速度，选用合适的操作工艺等
凹坑	火焰能率过大，收尾未填满熔池等	注意收尾时焊接要领，合理选择火焰能率等
夹渣	焊件边缘及焊层清理不干净，焊接速度过快，焊丝形状系数过小，以及焊丝、焊嘴角度不当等	严格清理焊件边缘及焊层，控制焊接速度，适当提高焊缝形状系数等
未焊接	焊件表面有氧化物，坡口角度太小，间隙太窄，火焰能率不足，焊接速度过快等	严格清理焊件表面，选择合适的坡口角度及焊接间隙，控制焊接速度及火焰能率等

缺陷类型	产生原因	预防措施
未熔合	火焰能率过低或偏向坡口一侧	选择合适的火焰能率，保证火焰不偏向
焊瘤	火焰能率过大，焊接速度慢，焊件装配间隙过大，焊枪运动方法不正确等	选择合适的焊接速度和火焰能率，调整焊件装配间隙，正确地运用焊枪等

第十八节　气割常见缺陷及预防措施

气割常见缺陷及预防措施见表4-15。

表4-15　气割常见缺陷及预防措施

缺陷形式	产生原因	预防措施
切口断面纹路粗糙	①氧气纯度低	①一般气割，氧气纯度不低于98.5%（体积分数）；要求较高时，不低于99.2%（体积分数）或者高达99.5%（体积分数）
	②氧气压力太大	②适当降低氧气压力
	③预热火焰能率过大或过小	③采用合适的火焰能率预热
	④割嘴选用不当或割嘴距离不稳定	④更换割嘴或稳定割嘴距离
	⑤切割速度不稳定或过快	⑤调整切割速度，检查设备精度及网络电压，适当降低切割速度
切口断面割槽	①回火或灭火后重新起割	①防止回火和灭火，割嘴不要离工件太近，工件表面要清洁，下部平台不应阻碍熔渣排出
	②割嘴或工件有振动	②避免周围环境的干扰
切割面上缘熔塌	①气割时预热火焰太强	①选用合适的火焰能率预热
	②切割速度太慢	②适当提高切割速度
	③割嘴与气割平面距离太近	③气割时割嘴与气割平面距离适当加大

缺陷形式	产生原因	预防措施
气割面直线度偏差过大	①切割过程中断多,重新气割时衔接不好 ②气割坡口时,预热火焰能率不大 ③表面有较厚的氧化皮、铁锈等	①提高气割操作水平 ②适当提高预热火焰能率 ③加强气割前清理被切割表面
气割面垂直度偏差过大	①气割时,割炬与割件板面不垂直 ②切割氧压力过低 ③切割氧流歪斜	①改进气割操作 ②适当提高切割氧压力 ③提高气割操作技术
下缘挂渣不易脱落	①氧气纯度低 ②预热火焰能率大 ③氧气压力低 ④切割速度过慢或过快	①换用纯度高的氧气 ②更换割嘴,调整火焰 ③提高切割氧压力 ④调整切割速度
下部出现深沟	切割速度太慢	加快切割速度,避免氧气流的扰动产生熔渣旋涡
气割厚度出现喇叭口	①切割速度太慢 ②风线不好	①提高切割速度 ②适当增大氧气流速,采用收缩扩散型割嘴
后拖量过大	①切割速度太快 ②预热火焰能率不足 ③割嘴选择不合适或割嘴倾角不当 ④切割氧压力不足	①降低切割速度 ②增大火焰能率 ③更换合适的割嘴或调整割嘴后倾角度 ④适量加大切割氧压力
厚板凹心大	切割速度快或速度不均	降低切割速度,并保持速度平稳
切口不直	①钢板放置不平 ②钢板变形 ③风线不正 ④割炬不稳定 ⑤切割机轨道不直	①检查气割平台,将钢板放平 ②切割前校平钢板 ③调整割嘴垂直度 ④尽量采用直线导板 ⑤修理或更换轨道

缺陷形式	产生原因	预防措施
切割面渗碳	①割嘴离切割平面太近 ②气割时,预热火焰呈碳化焰	①适当提高割嘴高度 ②气割时,采用中性焰预热
切口过宽	①氧气压力过大 ②割嘴号码太大 ③切割速度太慢 ④割炬气割过程行走不稳定	①调整氧气压力 ②更换小号割嘴 ③加快切割速度 ④提高气割技术
发生中断割不透	①预热火焰能率过小 ②切割速度太快 ③被切割材料有缺陷 ④氧气、乙炔气将要用完 ⑤切割氧压力小	①重新调整火焰 ②放慢切割速度 ③检查夹层、气孔缺陷,试以相反的方向重新气割 ④检查氧气、乙炔压力,换用新气瓶 ⑤提高切割氧压力及流量
有强烈变形	切割速度太慢;加热火焰能率过大;割嘴过大;气割顺序不合理	选择合理的工艺,选择正确的气割顺序
产生裂纹	①工件含碳量高 ②工件厚度大	①可采取预热及割后退火处理办法 ②预热温度250℃
碳化严重	①氧气纯度低 ②火焰种类不对 ③割嘴距工件近	①换纯度高的氧气,保证燃烧充分 ②避免加热时产生碳化焰 ③适当提高割嘴高度
切口粘渣	①氧气压力小,风线太短 ②割薄板时切割速度低	①增大氧气压力,检查割嘴 ②加大切割速度
熔渣吹不掉	氧气压力太小	提高氧气压力,检查减压阀通畅情况

缺陷形式	产生原因	预防措施
割后变形	①预热火焰能率大 ②切割速度慢 ③气割顺序不合理 ④未采取工艺措施	①调整火焰 ②提高切割速度 ③按工艺采用正确的切割顺序 ④采用夹具，选用合理起割点等

第十九节　螺柱焊常见缺陷及预防措施

①螺柱悬空、未插入熔池　调整和检查螺柱夹头与套圈夹头的同轴度，并保证在焊接过程中能够移动自如。

②螺柱焊接端与工件间未熔合　增大电流或延长焊接时间给定值，适当调整电弧长度，并检查所有焊接回路，保持良好接触。

③螺柱熔化量过多　热量过高，需减小焊接电流和缩短焊接时间。

④局部熔合　矫正焊枪工作位置，使其垂直于工件表面。电弧偏吹时应改变地线的接法。

第二十节　喷熔层常见缺陷及预防措施

喷熔层常见缺陷及预防措施见表 4-16。

表 4-16　喷熔层常见缺陷及预防措施

喷熔层缺陷	产生原因	预防措施
剥落	①工件表面准备不符合要求 ②重熔时母材金属温度过低 ③熔化厚的涂层时，火焰移动太快 ④重熔温度太低，铁基粉末熔化时"镜面"反光不明显，比镍基粉末更难区别是否熔化	①表面准备应达到规定要求 ②重熔时先加热母材金属，待接近粉末熔化温度时再对涂层进行重熔处理 ③厚的涂层，火焰应稍作停留，使表里均达到熔化 ④提高操作水平，掌握好重熔温度

喷熔层缺陷	产生原因	预防措施
裂纹	①喷粉前工件预热温度太低 ②重熔后冷却速度太快，或喷熔层材料与母材金属线胀系数相差太大	①提高预热温度，为防止氧化，应先在工件表面喷一薄层合金粉末作保护层，然后再提高预热温度至400~500℃ ②喷熔后的涂层应采用缓冷措施，或进行等温退火处理
夹渣	①重熔时，火焰移动速度太快，熔渣来不及浮出 ②合金粉末自熔性差，熔点高，黏度大	①重熔瞬间，稍提高火焰，在熔化处停留一定时间，使渣完全浮出表面 ②更换粉末，然后选择好适当的合金粉末
气孔	①工件表面有锈、油污 ②工件表面和合金粉末被氧化 ③乙炔气体有水分 ④熔化温度过高，时间太长，引起喷熔层翻泡	①工件表面准备应达到要求 ②预热温度不宜过高，用两步法喷熔的粉末不要太细，回收粉末已被氧化，不能用在重要工件上 ③除去乙炔气中的水分 ④控制好重熔的温度和时间

第二十一节　热喷涂涂层常见缺陷及预防措施

热喷涂涂层常见缺陷及预防措施见表4-17。

表 4-17　热喷涂涂层常见缺陷及预防措施

缺陷	产生原因	预防措施
涂层脱壳	①表面粗糙程度不够或有灰土吸附，使喷涂层附着力降低 ②工件含有油脂，喷涂时油脂溢出，特别是球墨铸铁曲轴 ③压缩空气中有可见的油与水 ④喷枪离工件太远，当金属微粒到达工件前塑性降低，未能充分嵌合 ⑤车削与拉毛、拉毛与喷涂各道工序间相隔时间太久，致使表面氧化 ⑥磨削时采用氧化铝砂轮，致使涂层局部过热而膨胀 ⑦喷枪火花不集中，喷涂时火焰偏斜，致使金属微粒不能有力地黏附在工件表面 ⑧工件线速度和喷枪移动速度太慢，喷涂中的夹杂物飘附于表面，减低了附着强度	①表面制备应达到规定的要求，如粗化、清洁 ②去除工件中的油脂 ③压缩空气应洁净，无油、无水分 ④调整喷枪到工件的距离，不宜离得太远 ⑤掌握好各道工序的相隔时间，防止表面氧化 ⑥磨削时不要使用氧化铝砂轮，以防止涂层局部过热膨胀 ⑦喷枪火焰应集中，喷涂时火焰不应太偏斜 ⑧涂层后加工时应避免局部过热

缺陷	产生原因	预防措施
涂层分层	①采用间歇喷涂时，在即将达到标准尺寸的情况下没有一次喷完，而是停喷太久，这样的涂层在磨光时会产生分层剥落现象 ②喷涂中压缩空气带出的油和水溅在工件表面上 ③喷涂场所不洁，每一层喷涂后有大量灰尘吸附到工件表面，使层与层之间有外来物隔离或部分隔离	①采用间歇喷涂时，在即将达到标准尺寸的情况下应一次喷完，避免在此时停顿太久 ②喷涂时避免压缩空气中带出的油和水进入涂层中 ③喷涂时避免外界的灰尘侵入涂层内
涂层碎裂	①喷涂时喷枪移动太慢，以致一次喷涂的涂层过厚，造成涂层过热 ②喷枪距离太近，促使涂层过热 ③喷涂材料收缩率太高或含有较多的导致热裂冷碎的元素，如硫、磷等 ④气喷时，使用了氧化焰，涂层过分氧化 ⑤喷好后的工件过度激冷而碎裂 ⑥压缩空气中有水汽和油雾，降低了涂层结合强度 ⑦工件回转中心不准，喷涂火花偏斜在一面，使涂层厚度不均，收缩率不均	①喷涂时一次喷涂的涂层不宜太厚 ②喷枪与工件的距离、喷枪移动要适当，避免涂层过热 ③选用符合要求的喷涂材料 ④不应采用氧化焰，防止涂层过分氧化 ⑤喷涂后应缓冷或立即退火 ⑥压缩空气应洁净，无油和水分进入涂层内 ⑦涂层要均匀一致，避免产生厚薄不均匀现象
涂层不耐磨	①喷涂时喷枪离工件太远，金属颗粒提早冷却，喷到工件上后成为疏松涂层，涂层工作时，颗粒部分脱落，擦伤摩擦面 ②磨削时有大量的砂轮屑嵌入涂层，擦伤表面 ③金属丝进给速度太快，颗粒呈片状 ④金属丝材料不合适，硬度不高，不耐磨（如钢丝的含碳量低，涂层太软） ⑤空气压力过低，喷枪距离太远，致使结合强度降低	①喷枪距工件不能太远 ②涂层后加工时不能有大量的砂粒屑嵌入涂层并避免划伤涂层表面 ③掌握好金属丝进给速度 ④正确选择喷涂材料 ⑤适当提高压缩空气的压力，增加金属颗粒的动能

第二十二节　熔焊缺陷及排除方法

熔焊缺陷产生原因、检验方法及排除方法见表4-18。

表4-18　熔焊缺陷产生原因、检验方法及排除方法

缺陷名称	特征	产生原因	检验方法	排除方法
焊接零件外形尺寸超差	由于焊接变形造成焊接零件外形翘曲或尺寸超差	焊接顺序不正确 焊前准备不当，如坡口、间隙过大或过小，未留收缩余量等 焊接夹具结构不良	目视检验用量具测量	外部变形可用机械方法或加热方法矫正
焊缝尺寸超差	焊缝增高量和宽度不符合技术条件，存在过高或过低、过宽或过窄及不平滑过渡的现象	焊接坡口不合适 操作时运条不当 焊接电流不稳定 焊接速度不均匀 焊接电弧高低变化太大	目视检验用量具测量	过宽、过高的焊缝可用机械方法去除，过窄、过低的焊缝可用熔焊方法补焊
咬边	靠焊缝边缘的母材上的凹陷	焊接参数选择不当，如电流过大，电弧过大 操作技术不正确，如焊枪角度不对，运条不适当 焊条药皮端部的电弧偏吹 焊接零件的位置安放不当	目视检验宏观金相检验	轻微的、浅的咬边可用机械方法修锉，使其平滑过渡。严重的、深的咬边应进行补焊
焊瘤	熔化金属流淌到未熔化的母材上所形成的金属堆积	焊接参数不正确 操作技术不佳，如焊条运条方法不当，在立焊时尤其容易产生 焊件的位置安放不当	目视检验宏观金相检验	可用铲、锉、磨等手工或机械方法除去多余的堆积金属

缺陷名称		特征	产生原因	检验方法	排除方法
烧穿		焊接时熔化金属局部流失致使在焊缝中形成孔洞	焊件装配不当，如坡口尺寸不合要求，间隙太大 焊接电流太大 焊接速度太慢 操作技术不佳	目视检验 X射线探伤检查	清除烧穿孔洞边缘的残余金属，用补焊方法填平孔洞后，再继续焊接
焊漏		母材熔化过深、致使熔融金属从焊缝背面漏出	焊接电流太大 焊接速度太慢 接头坡口角度、间隙太大	目视检验 宏观金相检验 X射线探伤检验	可用铲、锉、磨等手工或机械方法去除漏出的多余金属
气孔		焊缝金属表面或内部形成的孔穴	焊件和焊接材料有油污、锈及其他氧化物 焊接区域保护不好 焊接电流过小，弧长过长，焊接速度太快	X射线探伤检验 金相检验 目视检验	铲去气孔处的焊缝金属，然后补焊
裂纹	热裂纹	沿晶界面出现，裂缝断口处有氧化色，一般出现在焊缝上，呈锯齿状	母材抗裂性能较差，焊接材料质量不好，焊接参数选择不当，焊接内应力大	目视检验 X射线探伤检验 超声波检验 磁粉探伤检验 金相检验 着色探伤和荧光探伤检验	在裂纹两端钻止裂孔或铲除裂纹处的焊缝金属进行补焊
	冷裂纹	断口无明显的氧化色，有金属光泽，产生在热影响区的过热区中	焊接结构设计不合理 焊缝布置不当 焊接工艺措施不周全，如未预热或焊后冷却快		
	再热裂纹	沿晶间且局限在热影响区的粗晶区内	焊后热处理的工艺规范不正确 母材性能尚未完全掌握		

缺陷名称	特征	产生原因	检验方法	排除方法
夹杂	在焊缝内部存在的金属或非金属夹杂物	焊接材料质量不好 焊接电流太小,焊接速度太快 熔渣密度太大 多层焊时熔渣未清除干净	X射线探伤检验 金相检验 超声波检验	铲除夹渣处的焊缝金属然后进行补焊
未焊透	母材与焊缝金属之间未熔化而留下的空隙常在单面焊根部和双面焊中间	焊接电流太小 焊接速度太快 坡口角度、间隙太小 操作技术不准	目视检验 X射线探伤检验 超声波探伤检验 金相检验	对开敞性好的结构的单面未焊透,可在焊缝背面直接补焊
未熔合	母材与焊缝金属之间、焊缝金属与焊缝金属之间未完全熔合在一起			对于不能直接补焊的重要焊件,应铲去未焊透的焊缝金属重新焊接
弧坑	焊缝熄弧处的低洼部分	操作时熄弧太快未反复向熄弧处补充填充金属	目视检验	在弧坑处补焊
背面凹陷	焊缝背面形成的内凹或缩沟,常产生于薄板结构处	焊接电流太大且焊接速度太快	目视检验	对于对接焊缝铲去焊缝金属重新焊接(指封闭结构);对于T形接头和开敞性好的对接焊缝,可在其背面直接补焊
晶间腐蚀	焊接不锈钢时,焊缝或热影响区金属晶界上出现的细小裂纹	焊接时母材中合金元素烧损过多 焊接方法选择不当 焊接材料选择不当	微观金相检验	铲去有缺陷的焊缝,重新焊接

第二十三节 电阻焊缺陷及排除方法

①点焊、缝焊外部缺陷产生原因、检验方法及排除方法见表 4-19。
②点焊、缝焊内部缺陷产生原因、检验方法及排除方法见表 4-20。
③电阻对焊缺陷产生原因、检验方法及排除方法见表 4-21。
④闪光对焊缺陷异常现象、焊接缺陷及消除措施见表 4-22。

表 4-19 点焊、缝焊外部缺陷产生原因、检验方法及排除方法

缺陷名称	特征	产生原因	检验方法	排除方法
压痕尺寸或焊缝的"鳞片"形状不正确	焊点压痕的尺寸过大或过小、不圆,焊缝的"鳞片"形状排列不匀称	电极工作表面形状不正确或磨损不均匀 焊接时焊件与电极倾斜 缝焊速度过快	目视检验	压痕过小的焊点可重新点焊
压痕过深及过热	焊点或焊缝的压痕深度超过技术条件规定的数值 压痕周围金属的晶粒粗大	电流脉冲时间过长 电极压力太大 焊接电流太大	目视检验	过深压痕可用熔焊方法补焊
局部烧穿(表面飞溅)	焊点或焊缝表面的金属发生熔化,形成凹穴、孔洞或金属飞溅	焊件或电极表面不干净 电极压力太小 电极工作表面形状不正确 缝焊速度太快	目视检验	表面凹穴、孔洞可用熔焊方法补焊,外部飞溅用机械方法清除
表面强烈氧化	焊点或焊缝金属表面强烈氧化,有明显的氧化色	焊件或电极表面不干净 电极压力太小 电流脉冲时间过长 焊接电流太大	目视检验	—

缺陷名称		特征	产生原因	检验方法	排除方法
裂纹	径向裂纹	裂纹处于焊点的直径方向或焊缝的纵向	电流脉冲时间过短 电极压力太小 电极冷却不好 电极锻压力太小（焊接有色金属时） 锻压力加得太迟	目视检验	清除裂纹周围金属，用熔焊方法补焊 也可用重复点焊或缝焊的方法排除裂纹
	环形裂纹	裂纹处于焊点周围	电流脉冲时间过长		
接头边缘撕裂		焊点或焊缝边缘金属被压裂或撕裂	焊点或焊缝距接头边缘太近 锻压力太大 电流脉冲时间过长	目视检验	用熔焊方法补焊
焊点拉开或撕破		焊点或焊缝被拉脱或拉成孔洞	焊件装配不良，焊时焊件被分拉紧造成应力太大	目视检验	改善装配条件，在原焊点周围重新焊接

表4-20 点焊、缝焊内部缺陷产生原因、检验方法及排除方法

缺陷名称	特征	产生原因	检验方法	排除方法
未焊透或焊点熔核小	焊点熔核的焊透率或直径小于规定数值	焊接电流太小 电极压力过大 电极接触表面过大 焊件清理不良 焊点分布过密、分流太大	金相检验 X射线探伤检验	在有缺陷的焊点旁边另外加焊焊点
裂缝和缩孔	—	焊接电流脉冲时间太短 电极压力不足 焊件表面清理不干净 锻压力加得太迟	X射线探伤检验 金相检验 超声波探伤检验	在原焊点上重新点、缝焊钻去裂缝的焊点，用熔焊方法补焊

缺陷名称	特征	产生原因	检验方法	排除方法
焊点熔核分布不对称	焊点、熔核不在两板的中间而偏向一侧	电极接触表面的大小选择不当或焊件的厚度比太大	金相检验	在有缺陷的焊点旁边另外加焊焊点
内部飞溅	焊点熔核的熔化金属在上、下两板之间溢出	焊接电流太大 电极压力太小 焊接时焊件倾斜 焊点过于靠近搭接边缘，尤其在焊接钢和铬镍合金时更为明显	目视检验 X射线探伤检验	用机械方法清理
焊接接头变脆	焊接合金钢时，接头淬火变脆	焊接电流脉冲时间不够 焊接过程冷却太快	金相检验 力学性能试验	焊接时采用两次脉冲和带电热处理方法来消除
焊透深度过大	焊点熔核焊透率大于技术条件规定的数值	焊接电流过大 电极压力太小	金相检验	—
缝焊接头气密性差	缝焊焊缝经气密性试验时发现有漏气现象	焊点间距不适当，熔化核心重叠不够 焊接规范参数不稳定 焊接时焊件放置不当 上、下滚盘的直径相差太大	气密性试验	在漏气处用点焊、缝焊方法补焊

表 4-21　电阻对焊缺陷产生原因、检验方法及排除方法

缺陷名称		特征	产生原因	检验方法	排除方法
焊件几何形状不正确	焊件中心线偏差	两个零件的轴线不在一条直线上	焊件未对准 焊件过热或伸出长度太长 焊件毛坯加工不正确 电极夹头不同心 电极磨损或安装不牢 焊机导轨间隙过大或机架刚度差	目视检验	拆除重焊
	焊件倾斜	两个零件的轴线成一角度	焊件在电极座上安放倾斜 电极磨损或安装不当 焊机导轨间隙过大或机架刚度差	目视检验	拆除重焊
目见组织缺陷	未焊透	两个零件的端面未全部熔合在一起	顶锻前焊件的温度过低,如电流过小,通电时间过短 焊件顶锻余量留得过小 顶锻压力不够大或加得过于迟缓,在断电后才顶锻 焊件的母材非金属夹杂物太多	目视检验 金相检验 X 射线探伤检验 超声波探伤检验	拆除重焊或挖掉未焊透处金属,用熔焊方法补焊
	夹层	两个零件的端面有夹杂物存在	焊件表面清理不干净,有厚的氧化物,闪光不足且顶锻压力又过大	金相检验 X 射线探伤检验 超声波探伤检验	拆除重焊或挖掉未焊透处金属,用熔焊方法补焊

缺陷名称		特征	产生原因	检验方法	排除方法
目见组织缺陷	裂纹 横裂纹	裂纹垂直于焊件的轴线	焊后冷却过快致使焊接接头变脆	金相检验 X射线探伤检验 磁粉探伤检验	清除裂纹边缘金属,用熔焊方法补焊
	裂纹 纵裂纹	裂纹平行于焊件的轴线	接头过热 顶锻压力过大而过分镦粗		
显微组织缺陷	疏松	焊接接头处金属组织不致密	加热区域过大 顶锻压力过小熔化金属未挤出	金相检验	清除缺陷处的金属,用熔焊方法补焊
	晶料粗大	接头区域的金属晶粒过于粗大	加热时间过长,温度过高而造成过热	金相检验	可正火处理以细化晶粒
	接头内有非金属夹杂物	—	闪光焊时,闪光不稳定 顶锻余量不够 顶锻压力不够大	金相检验	清除缺陷处的金属,用熔焊方法补焊
	显微裂缝	接头区域内的金属有显微裂纹	顶锻压力过小	金相检验	清除缺陷处的金属,用熔焊方法补焊

表 4-22　闪光对焊缺陷异常现象、焊接缺陷及消除措施

异常现象和焊接缺陷	消　除　措　施
熔化过分剧烈并产生强烈的爆炸声	①降低变压器级数 ②减慢熔化速度
闪光不稳定	①消除电极底部和内表面的氧化物 ②提高变压器级数 ③加快熔化速度
接头中有氧化膜、未焊透或夹渣	①增加预热程度 ②加快临近顶锻时的熔化速度 ③确保带电顶锻过程 ④加快顶锻速度 ⑤增大顶锻压力

异常现象和焊接缺陷	消 除 措 施
接头中有缩孔	①降低变压器级数 ②避免熔化过程过分强烈 ③适当增大顶锻压力
焊缝金属过烧	①减小预热程度 ②加快熔化速度，缩短焊接时间 ③避免过多带电顶锻
接头区域裂纹	①检验钢筋的碳、硫、磷含量，若不符合规定，应更换钢筋 ②采取低频预热方法，提高预热程度
钢筋表面微熔及烧伤	①消除钢筋被夹紧部位的铁锈和油污 ②消除电极内表面的氧化物 ③改进电极槽口形状，增大接触面积 ④夹紧钢筋
接头弯折或轴线偏移	①正确调整电极位置 ②修整电极钳口或更换已变形的电极 ③切除或矫直钢筋的弯头

第二十四节　钎焊缺陷及排除方法

钎焊缺陷特征、产生原因、检验方法及排除方法见表 4-23。

表 4-23　钎焊缺陷特征、产生原因、检验方法及排除方法

缺陷名称	特征	产生原因	检验方法	排除方法
钎缝未填满	钎焊接头的间隙部分没有填满钎料	接头设计或装配不正确，如间隙太小或太大，装配时零件歪斜 钎料件表面清理不干净 钎剂选择不当 钎焊时焊件加热不够 钎料流布性不好	目视检验	对未填满的钎缝重新钎焊

缺陷名称	特征	产生原因	检验方法	排除方法
钎缝成形不良	钎料只在一面填满间隙,没有形成圆角,钎缝表面粗糙不平	钎料流布性不好 钎剂数量不足 焊件加热不均匀 钎焊温度下保温时间太长 钎料颗粒太大	目视检验	用钎焊方法补焊
气孔	钎缝金属表面或内部有孔穴	焊件表面清理不干净 钎剂作用不强 钎缝金属过热	目视检验 X射线探伤检验	清除表面的钎缝,重新钎焊
夹杂物	钎缝中留有钎剂等夹杂物	钎剂颗粒太大 钎剂数量不够 钎焊接头间隙不合适 钎料从两面流入钎缝 钎焊时钎剂被流动的钎剂包围 钎剂和钎料的熔点不合适 钎剂密度太大 焊件加热不均匀	目视检验 X射线探伤检验	清除有夹杂物的钎缝,用钎焊方法补焊
表面浸蚀	钎焊金属表面被钎料浸蚀	钎焊温度过高 钎焊时加热时间太长 钎料与母材有强烈的扩散作用	目视检验	用机械方法修锉
裂缝	钎缝金属中存在裂缝	钎料凝固时零件移动 钎料结晶间隔大 钎料与母材的热膨胀系数相差较大	目视检验 X射线探伤检验	用重新钎焊的方法补焊

第二十五节 其他焊接缺陷及排除方法

①钢筋定位焊外观缺陷及消除措施见表 4-24。
②气压焊接头焊接缺陷及消除措施见表 4-25。
③电渣压力焊接头焊接缺陷及消除措施见表 4-26。
④碳弧气刨中常见缺陷及消除措施见表 4-27。

表 4-24 钢筋定位焊外观缺陷及消除措施

种类	产生原因	消除措施
焊点过烧	①变压器级数过高 ②通电时间太长 ③上下电极不对中心 ④继电器接触失灵	①降低变压器级数 ②缩短通电时间 ③切断电源，校正电极 ④调节间隙，清理触点
焊点脱落	①电流过小 ②压力不够 ③压入深度不足 ④通电时间太短	①提高变压器级数 ②加大弹簧压力或调整气压值 ③调整两电极间距离，符合压入深度要求 ④延长通电时间
钢筋表面烧伤	①钢筋和电极接触表面太脏 ②焊接时没有预压过程或预压力过小 ③电流过大	①清刷电极与钢筋表面的铁锈和油污 ②保证预压过程和适当的预应力 ③降低变压器级数

表 4-25 气压焊接头焊接缺陷及消除措施

焊接缺陷	产生原因	消除措施
轴线偏移 （偏心）	①焊接夹具变形，两夹头不同心或夹具刚度不够 ②两钢筋安装不正 ③钢筋接合端面倾斜 ④钢筋未夹紧	①检查夹具，及时修理或更换 ②重新安装夹紧 ③切平钢筋端面 ④夹紧钢筋再焊

焊接缺陷	产生原因	消除措施
弯折	①焊接夹具变形，两夹头不同心 ②焊接夹具拆卸过早	①检查夹具，及时修理或更换 ②熄火后 30s 再拆夹具
镦粗直径不够	①焊接夹具动夹头有效行程不够；顶压液压缸有效行程不够 ②加热温度不够；压力不够	①检查夹具和顶压液压缸，及时更换 ②采用适宜的加热温度及压力
镦粗长度不够	①加热幅度不够宽 ②顶压力过大过急	①增大加热幅度范围 ②加压时应平稳
钢筋表面严重烧伤 接头金属过烧	火焰功率过大；加热时间过长；加热器摆动不均匀	调整加热火焰，正确掌握操作方法
未焊合	加热温度不够或热量分布不均；顶压力过小；接合端面不洁；端面氧化；中途灭火或火焰不当	合理选择焊接参数；正确掌握操作方法

表 4-26　电渣压力焊接头焊接缺陷及消除措施

焊接缺陷	消除措施
轴线偏移	①矫直钢筋端部 ②正确安装夹具和钢筋 ③避免过大的顶压力 ④及时修理或更换夹具
弯折	①矫直钢筋端部 ②注意安装与扶持上钢筋 ③避免焊后过快拆卸夹具 ④修理或更换夹具
咬边	①减小焊接电流 ②缩短焊接时间 ③注意上钳口的起始点，确保上钢筋顶压到位
未焊合	①增大焊接电流 ②避免焊接时间过短 ③检查夹具，确保上钢筋下送自如

焊接缺陷	消除措施
焊包不匀	①钢筋端面力求平整 ②填装焊剂尽量均匀 ③延长焊接时间，适当增加熔化量
气孔	①按规定要求烘焙焊剂 ②消除钢筋焊接部位的铁锈 ③确保接缝在焊剂中的合理埋入深度
烧伤	①钢筋导电部位除净铁锈 ②尽量夹紧钢筋
焊包下淌	①彻底封堵焊剂罐的漏孔 ②避免焊后过快回收焊剂

表 4-27　碳弧气刨中常见缺陷及消除措施

缺陷	产生原因	消除措施
粘渣	碳弧气刨吹出的氧化铁和碳化三铁等熔渣，粘在刨槽两侧，称为粘渣。产生粘渣的原因主要是压缩空气的压力太小，刨削速度与电流匹配不当，炭棒与工件的倾角过小等	粘渣可用钢丝刷、风铲或砂轮清除
夹炭	碳弧气刨时，刨削速度过快或炭棒送进过猛，使炭棒头部触及熔化或未熔化的金属，造成短路熄弧，炭棒粘在未熔化的金属上，产生夹炭缺陷。夹炭处形成一层硬脆且不易清除的碳化三铁（碳的质量分数达 6.7%），阻碍了碳弧气刨的继续进行。若不防止和清除夹炭，焊后会在焊缝中产生气孔和裂纹	①用小电流刨削时，刨削速度不宜过快，炭棒送进不宜过猛 ②在夹炭处前端引弧，将夹炭处连根一起刨掉

缺陷	产生原因	消除措施
刨偏	刨削焊缝背面的焊根时,刨削方向没对正电弧前方的小凹口即装配间隙,造成炭棒偏离预定目标,这种现象称为刨偏。因此,刨削时注意力应集中在目标线上。因刨削速度较快,如操作技术不熟练就容易刨偏	①采用带有长方槽的圆周送风式气刨枪或侧面送风式气刨枪,避免把渣吹到正前方而妨碍视线 ②采用自动碳弧气刨,提高刨削速度和精度
铜斑	用表面镀铜的炭棒刨削时,铜皮提前剥落并呈熔化状态,落在刨槽表面形成铜斑;或者由于铜制喷嘴与工件瞬间短路后,喷嘴熔化而在刨槽表面形成铜斑	焊接前,应用钢丝刷或砂轮将铜斑除掉,避免焊缝金属因铜含量高而引起热裂纹的产生
刨槽不正和深浅不匀	刨削时,炭棒偏向槽的一侧,会导致刨槽不正。刨削速度和炭棒送进速度不匀和不稳,会导致刨槽宽度不一与深浅不匀。炭棒角度变化也会引起刨槽深度的变化	刨削时,应尽可能控制刨削速度和炭棒送进速度,使其均匀和稳定;并尽量减少炭棒角度的变化

第五章

焊接应力与变形的控制及矫正

由于金属具有热胀冷缩性能，构件在焊接加热和冷却过程中，将会不停地改变自己的形状。构件受电弧的局部加热作用，使各处的变形不一致。构件内部的相互牵制，造成了焊后在构件内部存在残留应力和各种形式的变形。这对构件的使用性能和尺寸精度都很不利。焊接应力与变形是同时出现、又不能完全避免的两个难题。本章仅从生产实用角度简述一些应力与变形的类型，控制及消除残余应力与控制及矫正焊接残余变形的措施。

第一节　焊接应力与变形的基本知识

一、基本概念

用一根平直的钢板条自由地放置在两个支点上，从一端向另一端堆焊一层焊道，焊接过程中，受热部位要膨胀，降温冷却的部位要收缩，待整个板条冷却到室温之后，产生了凹向的变形。钢板条堆焊的变形过程如图 5-1 所示。在焊接过程中构件在不停地发生变形，如果没有力的作用，构件是不会变形的。这种变形过程的作用力称为焊接应力（单位面积上受的内力称为应力）。焊接结束后，构件不能恢复原状，也就是说，焊后构件出现了残余变形。图 5-2 所示为能自由伸缩的钢棒的受热变形，如果把焊后的钢板条在未堆焊的一侧用机械加工方法去掉一层，它的弯曲变形量就会改变，这说明去掉的那层金属内存在着力。由此可见，构件焊接后，不仅产生了残余变形，同时内部还存在有残余应力，这就是通常所说的焊接变形和焊接应力。

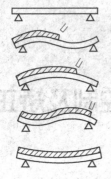
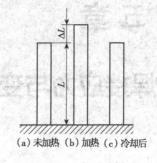

图 5-1　钢板条堆焊的变形过程　　图 5-2　能自由伸缩的钢棒的受热变形图

在焊接过程中，随时间而变化的内应力为焊接瞬时应力。焊后残存于工件中的内应力为焊接残余应力，焊后残留于工件上的变形为焊接残余变形。

二、焊接应力与变形的危害性

（1）焊接应力的危害性

①焊接应力是形成各种焊接裂纹（热裂纹、冷裂纹和再热裂纹）的因素之一。发现宏观裂纹的焊接结构则需要返修或报废。

②在腐蚀介质中工作的焊接构件，如果具有拉伸残留应力，就会造成该构件应力腐蚀开裂、应力腐蚀和低应力脆断。

③由于存在焊接应力，降低了结构的承载能力，当焊接应力超过材料的屈服强度时，将使材料的塑性受到损失。

④具有焊接应力的焊接构件，如果经过焊后机械加工则会破坏内应力的平衡，引起焊接构件的变形，影响加工尺寸的稳定性。

（2）焊接变形的危害性

①由于工件存在焊接变形，会造成尺寸及形状的技术指标超差，降低焊接结构的装配质量与承载能力。

②发生焊接变形的构件需要矫正，因此浪费了大量的工时及材料。当工件变形过大，而且难以矫正时，会导致产品报废，造成经济损失。

三、影响焊接应力与变形的因素

影响焊接应力与变形的因素很多，其中根本的原因是工件在焊接过程中经受了不均匀的受热，其次是由于焊缝金属的收缩、金相组织的变化及工件的刚度不同所致。另外，焊缝在焊接结构中的位置、装配焊接顺序、焊接电流与焊接方向等对焊接应力与变形也有一定的影响。

（1）工件受热不均造成残余应力

焊接热源作用于工件，会产生不均匀温度场，使材料不均匀膨胀。处于高温区域的材料在加热过程中的膨胀量大，因受到周围温度较低、膨胀量较小材料的限制而不能自由膨胀，于是在工件中产生内应力，使高温区的材料受到挤压，产生局部压缩塑性应变。在冷却过程中，已经受压缩塑性应变的材料，由于不能自由收缩而受到拉伸，于是在工件中又出现一个与焊接加热时方向大致相反的内应力场，使工件产生了残余应力和残余变形，其大小和分布取决于工件的形状、尺寸、焊接热输入量和材料本身的物理性能，如线胀系数、屈服极限、热导率、密度等。

（2）焊缝金属的收缩

焊缝金属冷却过程中，当由液态凝固为固态时，其体积要收缩。由于焊缝金属与母材是紧密连接的，因此，焊缝金属并不能自由收缩。这将引起整个工件的变形，同时在焊缝中引起残余应力。另外，一条焊缝是逐步形成的，焊缝中先结晶的部分要阻止后结晶部分的收缩，由此也会产生焊接应力与变形。

（3）金属组织的变化

钢在加热及冷却过程中发生相变，可得到不同的组织。这些组织的比体积也不一样，由此也会产生焊接应力与变形。

（4）工件的刚度和拘束

工件的刚性和拘束对焊接应力和变形也有较大的影响。刚性是指工件抵抗变形的能力；而拘束是工件周围物体对工件变形的约束。工件自身的刚性及受周围的拘束程度越大，焊接变形越小，焊接应力越大；反之，工件自身的刚性及受周围的拘束程度越小，则焊接变形越大，而焊接应力越小。

第二节　焊接应力的控制和消除

一、焊接应力的分类

焊接应力的分类如图 5-3 所示。当构件上承受局部载荷或经受不均匀加热时，都会在局部区域产生塑性应变。当局部外载撤去以后或热源离去，构件温度恢复到原始的均匀状态时，由于在构件内部发生了不能恢复的塑性变形，因而产生了相应的内应力，即称为残余应力。构件中残留下来的变形，即称为残余变形。

图 5-3 中所示的热应力、相变应力、拘束应力、残留应力为常见内应力。

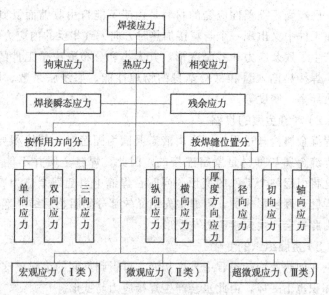

图 5-3　焊接应力的分类

二、控制焊接应力的措施

1. 设计措施

①尽量减少焊缝的数量和尺寸，采用填充金属少的坡口形式。

②焊缝布置应避免过分集中，焊缝间应保持足够的距离。容器接管焊缝布置如图5-4所示。尽量避免三轴交叉的焊缝，并且不要把焊缝布置在工作应力最严重的区域。工字梁肋板接头如图5-5所示。

③采用刚度较小的接头形式，使焊缝能够自由地收缩，焊接管连接如图5-6所示。

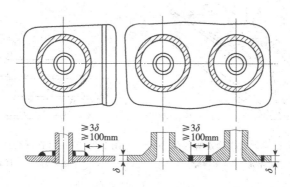

图 5-4　容器接管焊缝布置

图 5-5　工字梁肋板接头

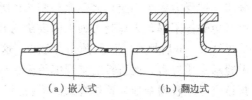

（a）嵌入式　　　　（b）翻边式

图 5-6　焊接管连接

④在残留应力为拉应力的区域内，应尽量避免几何不连续性，以免内应力在该处进一步增高。

⑤使用热输入小、能量集中的焊接方法。

⑥制定合理的消除应力热处理规范。

2. 工艺措施

（1）采用合理的焊接顺序和方向

合理的焊接顺序就是能使每条焊缝尽可能地自由收缩。

①按收缩量大小确定焊接顺序如图5-7所示，在具有对接及角焊缝的结构中，应先焊收缩量较大的对接焊缝1，使焊缝能较自由地收

缩,后焊角焊缝2。

　　②拼板时选择合理的焊接顺序如图5-8所示,拼板焊时,先焊错开的短焊缝1、2,后焊直通长焊缝3,使焊缝有较大的横向收缩余地。

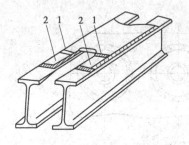

图 5-7　按收缩量大小确定焊接顺序
1—对接焊缝;2—角焊缝

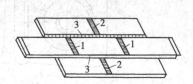

图 5-8　拼板时选择合理的焊接顺序
1,2—短焊缝;3—直通长焊缝

　　③工字梁拼接时,先焊在工作时受力较大的焊缝,使内应力合理分布。按受力大小确定焊接顺序如图5-9所示。在接头两端留出一段翼缘角焊缝不焊,先焊受力最大的翼缘对接焊缝1,然后再焊腹板对接焊缝2,最后焊翼缘预留的角焊缝3。这样,焊后可使翼缘的对接焊缝承受压应力,而腹板对接焊缝承受拉应力,角焊缝最后焊可保证腹板有一定收缩余地,这样焊成的梁疲劳强度高。

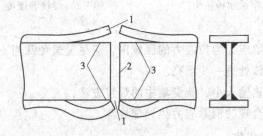

图 5-9　按受力大小确定焊接顺序
1—翼缘对接焊缝;2—腹板对接焊缝;3—角焊缝

　　④焊接平面上的焊缝时,应使焊缝的收缩比较自由,尤其是横向收缩更应保证自由。对接焊缝的焊接方向应当指向自由端。

（2）预热法

预热法是在施焊前，预先将工件局部或整体加热到150～650℃。对于焊接或焊补那些淬硬倾向较大的材料的工件以及刚度较大或脆性材料的工件时，为防止焊接裂纹的产生，常常采用预热法。

（3）冷焊法

冷焊法是通过减少工件受热来减少焊接部位与结构上其他部位间的温度差。具体做法有：尽量采用小的热输入方法施焊，选用小直径焊条、小电流，进行快速焊及多层多道焊；另外，应用冷焊法时，环境温度应尽可能高，防止裂纹的产生。

（4）留裕度法

焊前，留出工件的收缩裕度，增加收缩的自由度，以此来减小焊接残留应力。留裕度法应用实例如图5-10所示，对于图中所示的封闭焊缝，为减小其切向应力峰值和径向应力，焊接前可将外板进行扳边［图5-10（a)]或将镶块作成内凹形［图5-10（b）］，使之储存一定收缩裕度，可使焊缝冷却时较自由地收缩，达到减小残余应力的目的。

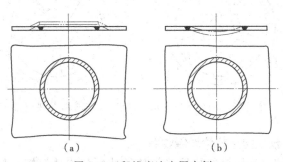

（a）   （b）

图5-10　留裕度法应用实例

（5）开减应力槽法

对于厚度大、刚度大的工件，在不影响结构强度的前提下，可以在焊缝附近开几个减应力槽，以此降低工件局部刚度，达到减小焊接残余应力的目的。图5-11所示为两种开减应力槽法的应用实例。

（6）锤击焊缝

焊后可用头部带有小圆弧的工具锤击焊缝，使焊缝得到延展，从而降低内应力。锤击应保持均匀适度，避免锤击过分，以防止产生裂

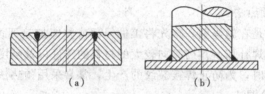

<table>
<tr><td>（a）</td><td>（b）</td></tr>
</table>

图 5-11　两种开减应力槽法的应用实例

缝，一般不锤击第一层和表面层。

（7）加热"减应区"法

在焊接结构的适当部位加热，使之伸长，加热区的伸长带动焊接部件，使它产生一个与焊缝收缩方向相反的变形；局部加热以减小轮辐、轮缘断口焊接应力如图 5-12 所示，在冷却时，加热区的收缩与焊缝的收缩方向相同，焊缝就可以比较自由地收缩，从而减小内应力。

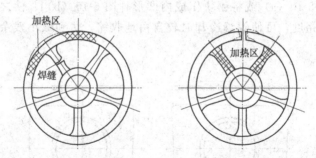

图 5-12　局部加热以减小轮辐、轮缘断口焊接应力

（8）预拉伸法补偿焊缝收缩

焊接前，采用机械拉伸或加热拉伸法使构件焊接区母材局部伸长，焊接过程中可补偿焊缝的收缩，达到减小焊接应力的目的。

（9）低应力无变形焊接法（LSND）

该方法适用于薄板件的焊接。在焊缝区加铜垫板对焊缝进行冷却，焊缝的两侧有加热元件，对近缝区加热，形成一个预置温度场，产生预置的拉伸效应，焊缝两侧采用固定装置固定。预置温度场可以在焊缝中形成压应力，使残余应力场重新分布。在焊接过程中，随着焊缝中拉应力水平的降低，焊缝两侧的压应力水平也在降低。采用该方法，残余应力的峰值可降低至原来的 2/3，焊后的工件焊接残余应力很小，并保持焊前的平直状态。

低应力无变形焊接法适用于铝合金、不锈钢、钛合金等。预置温度场的温度因材料和结构的不同而不同，一般在100～300℃。预置温度场还有利于改善高强度铝合金等材料焊接接头的性能。

三、消除焊接应力的方法

鉴于焊接应力对构件的影响，对于可能发生脆断的大断面厚壁结构、标准上有规定的锅炉和压力容器、焊后机加工面多及加工量大的构件、尺寸精度要求高的结构、有应力腐蚀倾向的结构，应考虑消除焊接应力。

1. 热处理方法消除焊接应力

（1）整体热处理

整体热处理也称整体高温回火，即按一定规则将工件整体加热到一定温度并保温，达到松弛焊接应力的目的。要求较高的焊接构件一般采用整体热处理方法消除应力。处理温度按材料种类选择，各种材料的回火温度见表5-1。

表5-1　各种材料的回火温度

材料种类	碳钢及低中合金钢①	奥氏体钢	铝合金	镁合金	钛合金	铌合金	铸铁
回火温度/℃	580～680	850～1050	250～300	250～300	550～600	1100～1200	600～650

①含钒低合金钢在600～620℃回火后，塑性、韧性下降，回火温度宜选550～560℃。

高温保温时间按材料的厚度确定。钢按每1～2min/mm计算，一般不小于30min，不大于3h。为使板厚方向上的温度均匀地升高到所要求的温度，当板材表面达到所要求的温度后，还需要一定的均温时间。

热处理一般是将工件整体放在加热炉中加热，加热炉可以是电炉也可以是燃气炉。对于大型容器，也可以采用在容器外壁覆盖绝热层，而在容器内部用火焰或电阻加热的办法来处理。整体热处理可将残余应力消除80%～90%。

（2）局部热处理

局部热处理，也称局部高温回火，是将焊缝及其附近应力较大的局部区域加热到高温回火温度，然后保温、缓慢冷却，以消除焊接区的残余应力。局部热处理一般多用于结构比较简单、拘束度较小的接头，如管道接头、长的圆筒容器接头以及长构件的对接接头等。局部热处理可以采用电阻、红外线、火焰和工频感应加热等方法。

局部热处理难以完全消除残余应力，但可降低其峰值使应力的分布比较平缓。消除应力的效果取决于局部区域内温度分布的均匀程度。为了取得较好的降低应力的效果，应保持足够的加热宽度。例如，圆筒接头加热区宽度一般采取 $B = 5\sqrt{R\delta}$，长板的对接接头取 $B = W$，局部热处理的加热区宽度如图 5-13 所示。R 为圆筒半径，δ 为管壁厚度，B 为加热区宽度，W 为对接构件的宽度。

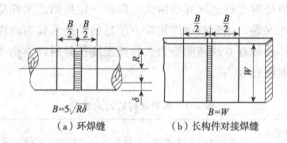

（a）环焊缝   （b）长构件对接焊缝

图 5-13　局部热处理的加热区宽度

（3）温差热处理

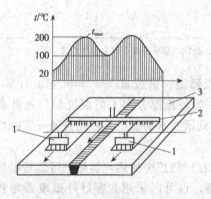

图 5-14　温差拉伸法
1—火焰加热炬；2—喷水排管；3—工件

温差拉伸法，也称为低温消除应力法，即在焊缝两侧各用一个适当宽度的氧乙炔焰炬加热，在焰炬后一定距离外喷水冷却。温差拉伸法如图 5-14 所示，焰炬和喷水管以相同速度向前移动。由此，可造成一个两侧高、焊缝区低的温度场。两侧的金属因受热膨胀，对温度较低的焊接区进行拉伸，使之产生拉伸塑性变形，以抵消原来的压缩塑性变形，从而消除内应力。本法对焊缝比较规则、厚度不大（<40mm）的容器、船舶等板、壳结构具有一定的实用价值，如果焊接参数选择适当，可取得较好的消除应力的效果。

2. 利用机械方法消除焊接应力

①机械拉伸法 焊后对焊接构件加载，使具有较高拉伸残余应力的区域产生拉伸塑性变形，卸载后可使焊接残余应力降低。加载应力越高，焊接过程中形成的压缩塑性变形就被抵消得越多，内应力也就消除得越彻底。

机械拉伸消除内应力对一些焊接容器特别有意义。它可以通过在室温下进行过载的耐压试验来消除部分焊接残留应力。

②锤击焊缝法 一般用于中厚板焊接应力的调整。具体方法是：在焊后用锤子或一定直径的半球形风锤锤击焊缝，可使焊缝金属产生延伸变形，能抵消一部分压缩塑性变形，起到减小焊接应力的作用。锤击时注意施力应适度，以免施力过大而产生裂纹。

③振动法 本法利用由偏心质量和变速电动机组成的激振器，使结构发生共振产生循环应力来减小内应力。其效果取决于激振器和构件支点的位置、激振频率和时间。本法设备简单、价廉、处理成本低、时间短，也没有高温回火时金属表面氧化的问题。但是如何控制振动，使之既能降低内应力而又不使结构发生疲劳破坏等，尚需进一步研究。

④焊缝滚压法 对于薄壁构件，焊后用窄滚轮滚压焊缝和近缝区，可消除焊接残余应力和焊接变形。

⑤爆炸法 爆炸的冲击波使金属产生塑性变形，松弛残余应力。

第三节　焊接变形的控制及矫正

焊接变形是焊接结构生产中经常出现的问题。焊接变形不仅影响结构的尺寸精度和外观，而且有可能降低结构的承载能力，甚至可能因变形无法矫正而使结构报废。因此，应对焊接残余变形引起足够的重视。

一、焊接变形的分类

焊接变形的分类如图 5-15 所示。

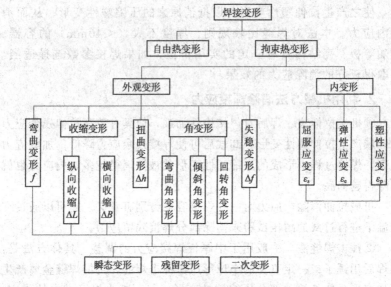

图 5-15 焊接变形的分类

纵向、横向收缩变形缝如图 5-16 所示。常见的焊接残余变形有如下几类。

（1）纵向收缩变形

构件焊后在焊缝方向发生的收缩，如图 5-16 中所示的 ΔL。

（2）横向收缩变形

构件经过焊接以后在垂直焊缝方向发生的收缩，如图 5-16 中所示的 ΔB。

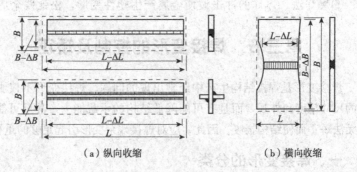

（a）纵向收缩   （b）横向收缩

图 5-16 纵向、横向收缩变形

（3）角变形

如图 5-17 所示为焊后构件的平面围绕焊缝发生的角位移。

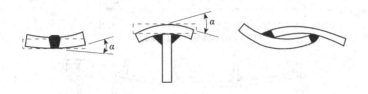

图 5-17　角变形

（4）错边变形

如图 5-18 所示，焊接过程中，由于两块板材的热膨胀不一致，可能引起长度方向或厚度方向上的错边，如图 5-18 所示。

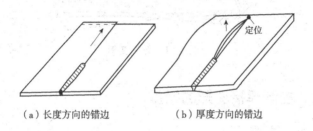

（a）长度方向的错边　　　　（b）厚度方向的错边

图 5-18　错边变形

（5）波浪变形

如图 5-19 所示，焊后工件呈波浪形。这种变形在平面薄板焊接时最易发生。

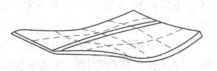

图 5-19　波浪变形

（6）挠曲变形

如图 5-20 所示为构件焊后所发生的挠曲变形。挠曲变形可以由焊缝的纵向收缩引起，如图 5-20（a）所示；也可以由焊缝的横向收缩引起，如图 5-20（b）所示。

（7）螺旋变形

如图 5-21 所示为焊后在结构上出现的扭曲变形。

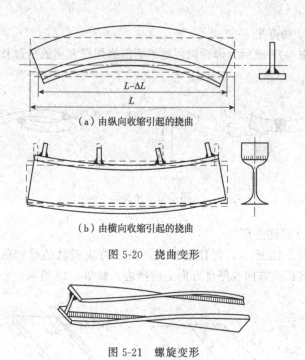

（a）由纵向收缩引起的挠曲

（b）由横向收缩引起的挠曲

图 5-20　挠曲变形

图 5-21　螺旋变形

二、控制焊接变形的措施

1. 设计措施

①选用合理的焊缝尺寸和形状，在保证构件有足够承载能力和焊缝质量的前提下，尽量采用按板厚在工艺上可能最小的焊缝尺寸，以减少熔敷金属总量，从而减少焊接变形。控制变形的措施如图 5-22所示。

②尽可能地减少焊缝的数量。如图 5-22（a）所示，尽量选用型钢、冲压件代替焊接件，从而减少焊缝的数量。

③合理地安排焊缝位置。只要结构上允许，焊缝的位置应尽量靠近构件断面的中性轴，并且尽量对称于该中性轴，以减少构件的弯曲变形，如图 5-22（b）所示。

2. 工艺措施

（1）留余量法

此法即在下料时，将零件的长度或宽度尺寸比设计尺寸适当加

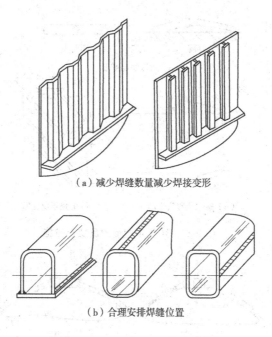

（a）减少焊缝数量减少焊接变形

（b）合理安排焊缝位置

图 5-22　控制变形的措施

大，以补偿工件的收缩。余量的多少应根据相关焊接手册所介绍的公式结合生产经验来确定，留余量法主要是用于防止工件的收缩变形。

（2）反变形法

焊前在构件装配时给予一个相反方向的变形，以与焊接后的变形相抵消，使焊后的构件能达到设计要求，反变形的大小应以能抵消焊后形成的变形为准。防止角变形的反变形措施如图 5-23 所示，防止壳体局部塌陷的反变形如图 5-24 所示。

（3）刚性固定法

采用适当的办法来增加工件的刚度和拘束度，可以达到减小其变形的目的，这就是刚性固定法。常用的刚性固定法有以下几种。

①将工件固定在刚性平台上。薄板焊接时，可将其用定位焊缝固定在刚性平台上，并且用压铁压住焊缝附近，待焊缝全部焊完冷却后，再铲除定位焊缝，这样可避免薄板焊接时产生波浪变形。薄板拼

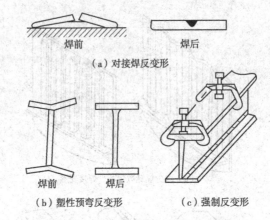

（a）对接焊反变形

焊前　　　　　　　焊后

（b）塑性预弯反变形　　　　（c）强制反变形

图 5-23　防止角变形的反变形措施

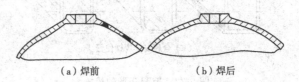

（a）焊前　　　　　　　（b）焊后

图 5-24　防止壳体局部塌陷的反变形

接时的刚性固定如图 5-25 所示。

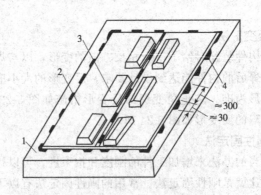

图 5-25　薄板拼接时的刚性固定
1—平台；2—工件；3—压铁；4—定位焊

②将工件组合成刚度更大或对称的结构。如 T 形梁焊接时容易产生角变形和弯曲变形，可将两根 T 形梁组合在一起，使焊缝对称于结构断面的中性轴，同时也大大地增加了结构的刚度，并配合反变形法（如图 5-26 中所示采用的垫铁），采用合理的焊接顺序，对防止弯曲变形和角变形有利。T 形梁的刚性固定与反变形如图 5-26 所示。

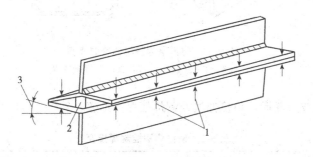

图 5-26　T 形梁的刚性固定与反变形
1—夹具夹紧的位置；2—垫铁；3—角反变形

③利用焊接夹具增加结构的刚度和拘束。图 5-27 所示为利用夹紧器固定工件，以增加构件的拘束，防止构件产生角变形和弯曲变形的应用实例。

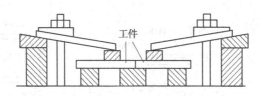

图 5-27　对接拼板时的刚性固定

④利用临时支撑增加结构的拘束。单件生产中采用专用夹具，在经济上不合理。因此，可在容易发生变形的部位焊上一些临时支撑或拉杆增加局部的刚度，能有效地减小焊接变形。图 5-28 所示是防护罩焊接时的临时支撑。

（4）预拉伸法

焊接薄件前，采用机械、加热或机械和加热并用的方法，使焊接件得到预先的拉伸和伸长，然后与刚性架或肋条装配焊接，可以很好

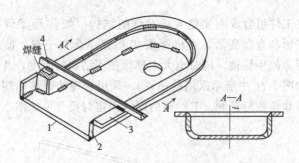

图 5-28 防护罩焊接时的临时支撑

1—底板；2—立板；3—缘口板；4—临时支撑

地防止波浪变形，预拉伸法控制焊接变形见表 5-2。

表 5-2 预拉伸法控制焊接变形

拉伸方式	原理简介	应力分布及变形
机械拉伸		
加热拉伸		
机械拉伸 + 加热拉伸		

（5）选择合理的装配焊接顺序

前面已经介绍，装配焊接顺序对焊接结构变形的影响是很大的，因此，可以利用合理的装配焊接顺序来控制焊接变形。为了控制和减小焊接变形，装配焊接顺序的选择应遵守以下原则。

①正在施焊的焊缝应尽量靠近结构断面的中性轴。桥式起重机主梁防止下挠弯曲变形的反变形法如图 5-29 所示。如图 5-29（a）所示的桥式起重机的主梁结构要求具有一定的上拱度。为了达到这一要求，除了左右腹板预制上拱度外，还应选择最佳的装配焊接顺序，使下挠的弯曲变形最小。

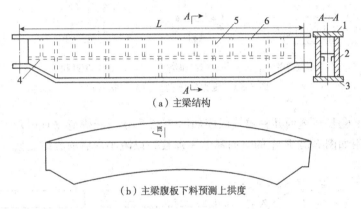

（a）主梁结构

（b）主梁腹板下料预测上拱度

图 5-29　桥式起重机主梁防止下挠弯曲变形的反变形法

1—上盖板；2—腹板；3—下盖板；4—水平物；5—大肋板；6—小肋板

②对于焊缝非对称布置的结构，装配焊接时应先焊焊缝少的一侧。压力机压型上模的焊接顺序如图 5-30 所示。图 5-30（a）所示是压力机的压型上模结构，断面中性轴以上的焊缝多于中性轴以下的焊缝，若装配焊接顺序不合理，最终将产生下挠的弯曲变形。解决的变法是先由两人对称地焊接 1 和 1′焊缝 ［图 5-30（b）］，此时将产生较大的上拱弯曲变形 f_1 并增加了结构的刚度；再按图 5-30（c）所示的位置焊接焊缝 2 和 2′，产生下挠弯曲变形 f_2；最后按图 5-30（d）所示的位置焊接 3 和 3′，产生下挠弯曲变形 f_3。这样操作使 f_1 近似等于 f_2 与 f_3 的和，并且方向相反，弯曲变形基本相互抵消。

③焊缝对称布置的结构，应由偶数个焊工对称地施焊。圆筒体对接焊缝焊接顺序如图 5-31 所示。图中所示的圆筒体对接焊缝，最好由两名焊工对称地施焊。

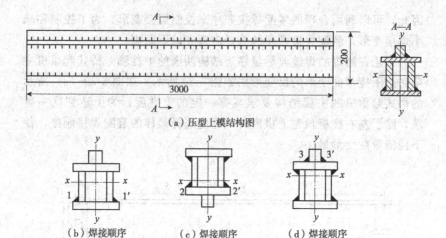

（a）压型上模结构图

（b）焊接顺序　　　（c）焊接顺序　　　（d）焊接顺序

图 5-30　压力机压型上模的焊接顺序

④长焊缝的几种焊接顺序如图 5-32 所示。长焊缝（1m 以上）可采用如图 5-32 所示的方向和顺序焊接，以减小焊后的收缩变形。

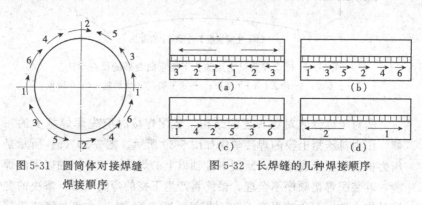

图 5-31　圆筒体对接焊缝　　　　　图 5-32　长焊缝的几种焊接顺序
　　　　　焊接顺序

⑤相邻两条焊缝的焊接方向和顺序如图 5-33 所示。

（6）选用合理的焊接方法及焊接参数

各种焊接方法的热输入不相同，因而产生的变形也不一样。选用能量比较集中的焊接方法，可减小焊接变形。如用 CO_2 保护焊、等离子弧焊代替气焊和焊条电弧焊进行薄板焊接；用真空电子束焊焊接经过精加工的产品，以控制变形量。利用真空电子束焊焊接齿轮如图 5-34 所示。

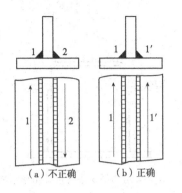
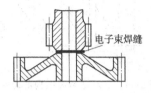

图 5-33　相邻两条焊缝的焊接方向和顺序　　图 5-34　利用真空电子束焊焊接齿轮

（7）通过调整焊接方向减小焊接变形

可采用跳焊、退焊、分段焊、对称焊的方法来减小焊接变形，各种焊法的焊接方向如图 5-35 所示。图中所示箭头方向为焊接方向。

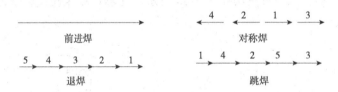

图 5-35　各种焊法的焊接方向

同一结构上不同部位的焊接，选用不同的焊接参数，可以达到控制和调节焊接变形的目的。如图 5-36 所示为非对称断面结构的焊接，因焊缝 1、2 离结构断面中性轴的距离 s 大于焊缝 3、4 到中性轴的距离 s'，所以焊后会产生下挠的弯曲变形。如果在焊接 1、2 焊缝时，采用多层焊，每层选择较小的热输入；焊接 3、4 焊缝时，采用单层焊，选择较大的热输入，这样焊接焊缝 1、2 时所产生的下挠变形与焊接焊缝 3、4 时所产生的上拱变形可基本相互抵消，焊后工件基本平直。

（8）热平衡法

对于某些焊缝不对称布置的结构，焊后会产生弯曲变形。如果在与焊缝对称的位置上采用气体火焰与焊接同步加热，只要加热的焊接参数选择适当，就可以减小或防止构件的弯曲变形。图 5-37 所示为采用热平衡法对边梁箱形结构的焊接变形进行控制的示例。

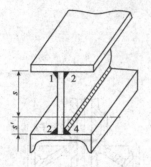

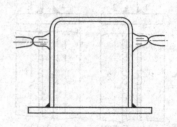

图 5-36　非对称断面结构的焊接　　图 5-37　采用热平衡法对边梁箱形结构的
焊接变形进行控制的示例

（9）散热法

散热法就是利用各种办法将施焊处的热量迅速散走，如可以用直接冷水和铜冷却块来限制和缩小焊接热场的分布，以达到减小焊接变形的目的。几种散热法如图 5-38 所示。注意，对淬硬性较高的材料慎用。

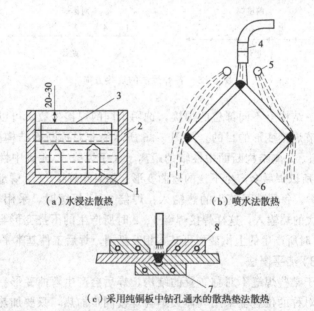

（a）水浸法散热　　　　　　　（b）喷水法散热

（c）采用纯铜板中钻孔通水的散热垫法散热

图 5-38　几种散热法

1—支撑架；2—水槽；3、6—工件；4—焊枪；5—喷水管；7、8—纯铜板

（10）低应力无变形焊接法

采用低应力无变形焊接法，可消除焊接变形。

在焊接结构的实际生产过程中，应充分估计各种变形，分析各种变形的变形规律，根据现场条件选用一种或几种方法，有效地控制焊接变形。

三、矫正焊接变形的方法

（1）手工矫正法

手工矫正法就是利用锤子、大锤等工具锤击工件的变形处。这种方法主要用于一些小型简单工件的弯曲变形和薄板的波浪变形。

（2）机械矫正法

通常采用油压机、千斤顶、专用矫正机等进行矫正。利用外力使构件产生与焊接变形方向相反的塑性变形，使两者相互抵消。此法比较简单，效果好，应用较普遍，一般适用于塑性比较好的材料及形状简单的工件。机械矫正法如图 5-39 所示，但对高强度钢采用此法应慎重。

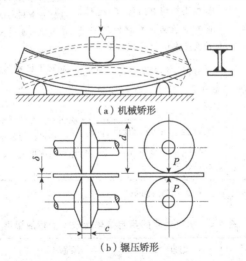

（a）机械矫形

（b）辗压矫形

图 5-39　机械矫正法

（3）加热矫正法

加热矫正分为整体加热法和局部加热法。整体加热法是预先将构件变形的部位用刚性夹具复原到设计形状，然后整体加热到某一温度，使由夹具造成的弹性变形转变为塑性变形，构件恢复到原来形状，达到矫正的目的。

用于锅炉和压力容器制造过程中的加热矫正一般采用局部矫正法，用火焰作为热源加热。将变形构件的特定区域局部加热，产生塑性变形，使焊接过程中伸长的金属冷却后缩短来消除变形。通常对碳钢和低合金钢的矫正温度为 600～800℃。对于合金含量较高的材料应经过具体分析，在保证加热对材料性能没有影响的情况下方可使用加热矫正法。

根据加热的区域不同，加热方法可分为点状加热法、线状加热法、三角加热法等。加热矫正焊接变形的方法与注意事项见表 5-3。

表 5-3　加热矫正焊接变形的方法与注意事项

名称		方法内容	注意事项
加热矫正法	点状加热	根据变形情况，可在一点处或多点处加热，$d=15\sim30mm$，$a=50\sim100mm$	①一般用氧乙炔中性焰 ②被矫正材料的性质 ③工作场所环境温度 ④矫正薄板需锤击时用木锤 ⑤先视变形情况再拟订加热位置和加热步骤 ⑥对于已经过热处理的高强度钢，加热温度不应超过其回火温度 ⑦当采用水冷配合火焰矫正时，应在钢材冷却到不红时再浇水 ⑧加热过程的颜色变化所表示的相应温度见表 5-4
	线状加热	火焰沿直线方向移动，也可同时在宽度方向作横向摆动，加热宽度为 0.5～2 倍板厚	
	三角形加热	在被矫正钢材的边缘，加热范围呈三角形，三角形顶端朝内	
	热、水、力混合使用	加热矫正薄板结构时，可同时用水冷却或施加外力，以提高矫正效果	

注：d 为加热点直径；a 为加热点间距。

表 5-4　加热过程的颜色变化所表示的相应温度

颜色	温度/℃	颜色	温度/℃
深褐红	550～580	樱红	770～800
褐红	580～650	淡樱红	800～830
暗樱红	650～730	亮樱红	830～900
深樱红	730～770	橘红	900～1050

火焰矫正焊接变形的实例如图 5-40 所示。

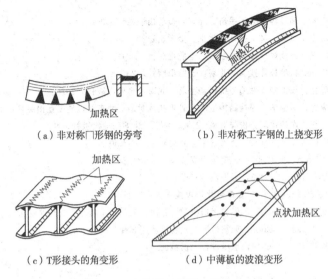

（a）非对称门形钢的旁弯　　　　　（b）非对称工字钢的上挠变形

（c）T形接头的角变形　　　　（d）中薄板的波浪变形

图 5-40　火焰矫正焊接变形的实例

（4）电磁锤矫正法

把一个由绝缘圆盘形线圈组成的电磁锤放置于待矫正处，从已充电的高压电容向其放电，于是在线圈与工件的间隙中出现一个很强的脉冲电磁场，由此产生一个比较均匀（与机械锤相比）的压力脉冲，使得该处产生反向的变形，从而达到矫正变形的目的。本方法主要适用于铝、铜等材料板壳结构的矫形。

在工程中，控制焊接变形和焊接应力的实例很多，特别是在锅炉和压力容器制造过程中，控制焊接变形的措施随处可见。

参 考 文 献

[1]　张应立. 新编焊工实用手册. 北京：金盾出版社，2004.

[2]　张应立. 电焊工基本技能. 北京：金盾出版社，2008.

[3]　张应立. 现代焊接技术. 北京：金盾出版社，2013.

[4]　张应立. 特种焊接技术. 北京：金盾出版社，2012.

[5]　张应立，周玉华. 常用焊接设备手册. 北京：金盾出版社，2015.

[6]　张应立，周玉华. 焊接结构生产与管理实战手册. 北京：机械工业出版社，2015.

[7]　李亚江. 焊接缺陷分析与对策. 2版. 北京：化学工业出版社，2014.

[8]　GB/T 6417.1—2005，金属熔化焊接头缺欠分类及说明.

[9]　GB/T 6417.2—2005，金属压力焊接头缺欠分类及说明.

[10]　GB/T 14693—2008，无损检测符号表示法.

[11]　GB/T 3323—2005，金属熔化焊焊接接头射线照相.

[12]　GB/T 11345—2013，焊缝无损检测　超声检测　技术检测等级和评定.

[13]　GB/T 23907—2009，无损检测　磁粉检测用试片.

[14]　GB/T 47013—2015，承压设备无损检测.